金 珠

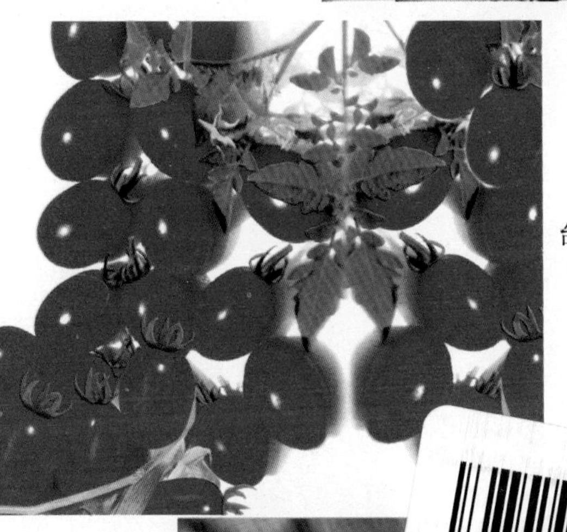

台亚 6 号

阿乃兹

京丹一号

京丹三号

京丹二号

京丹彩蕉一号

宝 珠

碧 娇

京丹五号

爱 心

千 禧

小 玉

红 铃

圣 女

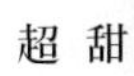

超 甜

贵 妃

春 桃

翠 红

爱丽斯

迷 你

玲珑小番茄

黄洋梨

亚蔬 6 号

龙 女

黄圣女

棕圣果

樱桃番茄优质高产栽培技术

张和义　唐爱均　王广印　编著

金 盾 出 版 社

内 容 提 要

本书由西北农林科技大学张和义教授等编著。内容包括:概述、植物学特征、品种、生长发育过程、生长发育需要的条件、培育壮苗、栽培技术、留种和常见病虫害防治等。语言通俗简练,内容科学实用。可供广大农民、种菜专业户、基层农业技术人员和农业院校有关专业师生阅读参考。

图书在版编目(CIP)数据

樱桃番茄优质高产栽培技术/张和义等编著.—北京:金盾出版社,2004.2
ISBN 978-7-5082-2801-3

Ⅰ.樱… Ⅱ.张… Ⅲ.番茄-蔬菜园艺 Ⅳ.S641.2

中国版本图书馆 CIP 数据核字(2003)第 123384 号

金盾出版社出版、总发行
北京太平路 5 号(地铁万寿路站往南)
邮政编码:100036 电话:68214039 83219215
传真:68276683 网址:www.jdcbs.cn
彩色印刷:北京百花彩印有限公司
黑白印刷:北京天宇星印刷厂
装订:北京天宇星印刷厂
各地新华书店经销

开本:787×1092 1/32 印张:4.625 彩页:8 字数:95 千字
2009 年 3 月第 1 版第 4 次印刷
印数:24001—35000 册 定价:8.50 元

目　录

一、概　述

樱桃番茄又叫微型番茄、迷你番茄、小番茄等，是番茄半栽培亚种中的一个变种。樱桃番茄与传统的大型番茄相比，其风味、品质、外观都超过传统品种。樱桃番茄外观玲珑可爱，除极具观赏价值外，成熟果实可溶性固形物含量7%～8%以上，酸甜可口，营养丰富。每100克含水分95克，蛋白质1.2克，脂肪0.3克，糖2.6克，热量72千焦，钙8毫克，磷11毫克，铁0.8毫克，维生素B_1 0.06毫克，维生素B_2 0.04毫克，维生素C 23毫克，果酸（苹果酸、柠檬酸）2克，以及维生素PP和硫、钠、钾、锌、硒等。番茄含的维生素PP居果蔬之首，胡萝卜素是莴苣的15倍，维生素C是西瓜的10倍。一般蔬菜的维生素C煮3分钟损失5%，煮15分钟损失30%，而番茄中的维生素C，经烹调水煮比其他蔬菜损失少得多，因为其中的有机酸保护了维生素，使其在烹饪中不受破坏或少受破坏。常食用对牙龈炎、牙周病、鼻出血和出血性疾病患者有益。因为樱桃番茄中还含有丰富的胡萝卜素——番茄红素，对多种癌症如胰腺癌、前列腺癌等有预防作用。每人每天食用50～100克番茄，就可满足人体对几种主要维生素和矿物质的需要。果皮中还含芦西，即芸香苷，可降血压，有预防动脉硬化和解毒等功效。维生素PP可以保护皮肤，维持胃液的正常分泌，促进红细胞的形成，对肝病也有辅助治疗作用。近年的研究发现，小番茄中含有一种抗癌、防衰老的物质——谷胱甘肽，以及P-香豆酸和氯原酸，有消除致癌物质亚硝胺的作用，对前列腺癌、肺癌与胃癌的预防作用最明显，对胰腺癌、结肠癌、直肠癌、口腔癌、乳腺癌和子宫癌也有一定预防作用。番茄中的果酸，能促进唾液分泌，帮助消化，增加胃内酵素。番茄中有一种特殊成分——番茄碱，有降压和消炎等作用。如每天早晨空腹生吃1～2个，对高血压、眼底出血等症，有一定疗效。果汁中含有甘汞，对肝脏疾病有治疗作用，并有利尿保肾功能。果皮茸毛能分泌路丁，具有增强毛细血管张力的作用，可用于治疗高血压引起的头痛、肩部疼痛、手足麻木和荨麻疹等病症，还可预防动脉硬化，同时对低血压和贫血也有良好的治疗效果。近年来樱桃番茄市场需求不断扩大，经济效益日益提高，栽培面积越来越大，是一种前景十分看好的茄果类蔬菜。

二、植物学特征

（一）根

樱桃番茄根系发达，分布深而广。主要根群分布在30～50厘米的耕作层内，最深1.5米，横向分布可达1.3～1.7米。根系再生能力强，在根颈或茎上，尤其茎节处易生不定根。移栽时将一部分茎埋入土中，或栽培时培土，均能促进发根。扦插也易成活。

（二）茎

生长初期组织柔嫩多汁，生长中后期产生木栓组织，特别是植株基部接近地面处表现明显，茎发硬而呈黄褐色，发生所谓的木质化。茎的横断面苗期为圆形，或略呈扁圆形，生长盛期后，野生类仍保持圆形，而大部分栽培品种变成带有棱角而常有凹沟的形状。茎上着生绒茸毛，表皮内部薄壁细胞含油腺，当擦破组织或在阳光强而且温度高时，手摸茎干，可见有黄色而带有番茄特有气味的液汁。番茄的茎有直立性，半直立性和半蔓性，茎长1～2米或2米以上。为合轴分枝，即当主茎长至一定节位后，茎端形成花芽，停止生长，下部腋芽又代替主茎迅速生长，到一定节位后再形成花芽，因而植株能够不断地向上生长，花序也逐渐增加，这种类型的品种，称为无限生长型。有的品种在形成2～4个花序后，由于花序下方的腋芽不发达，不能再向上生长，因而植株很矮，呈直立状态，这种类型的品种称为有限生长型。茎的节间长短因品种的株丛类型及栽培环境而异，矮生者短，蔓生者长。茎节长短常能决定植株的外貌，节间短的叶系密集，节间长的叶系疏朗，矮生类型节间长约3厘米，株高仅30～60厘米，而蔓生的可长达15厘米，株高常达2～3米，甚至5米以上。樱桃番茄和醋栗番茄多属蔓生类型，前者分枝能力强，后者分枝较少。番茄侧枝着生部位不同，有强弱的表现。通常，花序下叶腋所生侧枝，较其他侧枝生长势强，无限生长型的第一花序下的侧枝，很快赶上主茎的生长。在双秆或多秆整枝时，必须考虑留下这类枝条，使之成为主干。有限生长型，由于自行摘心（自封顶），花下侧枝很快代替主干而继续向上生长。

（三）叶

子叶为深绿色的流线形，胚轴浅紫色，也有绿色的。真叶互生，奇数羽状复叶，先端有顶生裂片，两侧自上而下在中轴部分一般着生3～4对侧生裂片（图1）。侧生裂片上又可着生小裂片，在各对侧生裂片间，也可能着生间裂片。叶缘齿状，叶片着生方向基本分为3种类型：第一类斜向着生，复叶的中轴着生在茎上小于 90°角，在这类中常遇到叶的顶生裂片下垂，而基部仍保持斜生。也有顶生裂片斜向，叶片挺直的；第二类水平着生，即复叶在茎上呈 90°角水平着生；第三类下垂着生，即复叶在茎上大于 90°角水平着生。叶片的疏密，是由节间长短、复叶上各裂片间的距离及裂片形状、大小和多少决定的。通常节间短，裂片间距短，并且裂片形大者，多数属于叶系丛密一类；相反，则属于疏朗的。叶片的颜色，温暖、阳光充足处，多为深绿色或浅绿色；阳光不足处，为嫩黄绿色。当植株由温暖处移入冷凉处，叶色很快变成带有紫红色的绿色，特别是叶柄附近更甚。一般第一、第二片叶的小叶，少而小，之后渐增。叶片的性状是鉴别品种和生态诊断的依据。大凡丰产者叶片较大，形似长手掌，中肋及叶片较平，叶色绿，顶部叶展开正常；徒长株叶片为长三角形，中肋突出，叶色浓绿，叶大，顶部屈曲展开；老化株叶小，色淡，顶部叶片小。

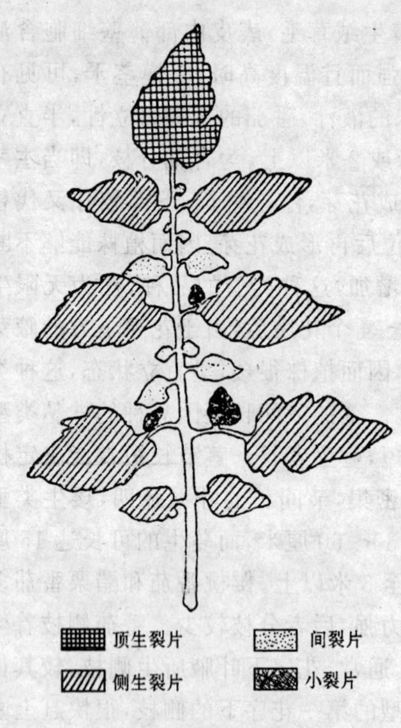

图 1　番茄叶及其裂片

（四）花

花为两性，由花梗、花萼、花瓣、雄蕊和雌蕊构成。花梗着生于花序上，有凸起的节，其上会产生离层，将来果实成熟可自此采摘。一花序上的花数大致数十至上百朵，往往几个花序同时开放。有时在同一果序内，茎部果实已鲜红成熟，顶部还在开花。一般单式花序，花数较少而小，复式花序花数较多而大。花呈黄色，随花朵开放程度而颜色深浅不同，一般盛开时是鲜黄色，早期花蕾呈淡黄绿色，末期花谢时呈黄白色。花的大小为1.5～3厘米，小果种一般花小，而且花形大小变化也少。大果种花形变化较大。

萼绿色，通常5～7片。分离，上有微小茸毛。花萼永存，受精后果实发育而花萼也增大。花瓣通常5～7枚，花瓣数常与花萼数相等。花瓣合生成合瓣花冠，合瓣缺刻很深。雄蕊通常5～7枚，分化为花丝和花药两部分。花丝甚短，而花药甚长。花药二室，聚合呈筒状圆锥体，即所谓药筒，附着于花冠筒而包围雌蕊。雄蕊成熟后在花药内侧部分纵裂而散出花粉。

雌蕊在药筒内部，分柱头、花柱和子房。子房上位，淡绿色，由2个或2个以上心皮组成，成为中轴胎座。子房有的带茸毛，有的光滑，有的有棱。花柱初期甚短，其后逐渐伸长。伸长程度随品种而异，有所谓短花柱花，花柱短于雄蕊药筒；长花柱花，花柱长于雄蕊药筒，但也可随环境条件而变，故在同一株上表现亦不一致。

番茄的花通常以5～6基数的居多，但也有带化现象。带化的花其花瓣、花萼、雄蕊数往往在8～9枚，甚至10多枚，子房数有8～9室，排列不整齐。花柱数个合并而成带状，故称带化花。这种花所结果实常多棱角，凹凸不平，产生畸形果。

多行自花授粉，柱头伸出雄蕊者也可异花授粉，天然杂交率为4%～10%。授粉后36～48小时，子房开始膨大。果实发育的速度，常受种子发育的影响。同一品种的单一果实，种子少的果实亦小。

（五）果　实

为多汁浆果。形状有圆球形、扁圆形、扁平形、苹果形、牛心形、长圆形、梨形、李子形与樱桃形。通常果形较小的都为2室。果实直径约2厘米，重10～20克，大的30克。果实的食用部分，通称果肉，包括果皮、隔壁和胎座。好的品种，果肉厚，种子腔小，着色均匀，不易裂果。果实的颜色、大小、心室数等依品种及环境而异。如樱桃番茄及洋梨形番茄，多为2室，普通番茄为4～6室或更多。冷冻环境中形成的花芽发育成的果实，心室数多，常为畸形。番茄果实的大小，取决于细胞数及细胞的大小，而细胞数在开花前已经决定，受精后果实的肥大，主要靠细胞的增大。所以，花器较大的，果实也较大。

果实的颜色，由表皮颜色及果肉颜色相衬而成。常有5种颜色类型（表1）。表皮为无色或黄色，果肉的颜色有黄色或红色之别。表皮和果肉均为黄色时，果实表现出橙黄色或淡黄色；如果肉红色，表皮无色，则显粉红色；果肉为红色，表皮为黄色，则整个果实呈大红色。番茄的红色，系因果实内含有大量茄红素所致。茄红素存在于果实薄壁细胞中。黄色的果实不含茄红素，而只含有胡萝卜素。胡萝卜素及叶黄素的形成与光线有关。茄红素的形成主要受温度的支配。果实的颜色随着果实的成熟期而有不同表现，不同时期采收的果实，因其色素形成条件不同而有变化。盛夏成熟的果实，因高温的影响，茄红素不易生成甚至被破坏，而适宜胡萝卜素的形成，因之原是红色果实的品种，在这样条件下则表现出黄红色。个别品种果实发育不均一，以致同一果实上，尤其果肩部分常保持绿色不变，或有绿色斑块不易成熟。这是一种不良性状，有损外观及品质。同时，加工后叶绿素会变成黑色，降低加工品质。

表1　番茄果实按果皮、果肉颜色的分类

果实颜色	果皮色泽	果肉色泽
火红色	金黄色	粉红色
粉红色	无　色	粉红色
橙黄色	金黄色	橙黄色
金黄色	金黄色	淡黄色
淡黄色	无　色	淡黄色

番茄自受精到果实成熟的时间，受温度、土壤养分及湿度的影响很大。尤其是温度条件，当昼夜平均温度16.7℃时，经57天成熟；21.3℃时，为47天；23.4℃时，需40天。

心室数随品种而异，一般有2～9室。半栽培种中，除多室番茄外，其他如长圆形、梨形、李子形和樱桃形种，通常都为2室，偶尔也有3室的。野生种中，如秘鲁番茄、多毛番茄和醋栗番茄也是如此，未见有4室的。少室的室形整齐，果形也较整齐。

（六）种　子

番茄种子很小，扁平呈卵状或心脏形，基部平或尖，浅灰黄色或深灰黄色。外表有由外种皮细胞形成的茸毛。一端凹陷部有脐。种皮内有内胚乳，胚包括幼根、幼芽和子叶。种子大小以栽培种最大，半栽培种比栽培种的种子小，千粒重

1.2～1.5 克，单果内种子少。多毛番茄的种子很小，比栽培种子小 3～4 倍，其上没有茸毛，种子呈褐色或黑褐色。秘鲁番茄种子与多毛番茄同等大或稍小，外形较趋圆形而无茸毛。

三、品　种

（一）类　型

番茄属的主要品种有秘鲁番茄、多毛番茄和普通番茄。秘鲁番茄为多年生匍匐性植物，茎表面平滑或带有丛密、短而白色的茸毛或嫩黄色的茸毛。叶片缺刻深，平滑，表皮上着生茸毛，叶柄基部带有不正形的托叶，间裂片不多。花序单总状或卷尾状，着花 6～12 朵。果直径 1～2 厘米，2 心室，果实上有茸毛，与栽培种杂交困难。多毛番茄 1 年生或多年生，茎初期直立，而后下垂，体表覆盖长而黄色茸毛，故称多毛番茄，茸毛长 2.5～3.5 毫米。叶大，椭圆形，基部带有不正形的托叶，叶柄短，间裂片多，上有丛密的茸毛。花序单式或卷尾式，上也有茸毛。果实有苦味，不能吃，也有长茸毛。普通番茄为 1 年生，叶片缺刻不深，光滑到有茸毛。叶色从浅到深绿，花序单总状到复总状，花数一般较少。

普通番茄内可分为野生型亚种，半栽培型亚种和非栽培型亚种。樱桃番茄属半栽培型亚种。

（二）品　种

1. 红月亮樱桃番茄 F_1

广东省农科集团良种苗木中心选育。抗病，长势旺，无限生长型。果鲜红色，椭圆形，果面光滑，有光泽，果硬，裂果少，2 心室，水分少，耐贮运。可溶性固形物含量 8.6%以上，爽口清甜，品质优。每花序可结果 30～60 个，单果重 13 克。每 667 平方米产量 3 000 千克，高的可达 5 000 千克，可全年种植。

2. 千禧小番茄

台湾农友种苗公司生产。长势强，早熟，抗病性强。果实桃红色，单果重 20 克，产量高，不易脱蒂，风味佳，耐寒，耐贮运。

3. 红 宝 石

台湾第一种苗有限公司培育。无限生长型。果实圆形，鲜红，大小均匀，平均单果重 10 克，味甘甜，品质极佳。

4. 红宝石 2 号

台湾第一种苗有限公司培育。半停心性。椭圆形果，大小均匀，单果重 10～13 克，果形均匀，产量高，成熟后鲜红色，口感好。肉厚汁多，耐贮藏，品质佳，最适宜温室大棚栽培。

5. 红 珍 珠

椭圆形果，单果重 10～12 克，品质优，抗病，综合性状好。最适于越夏栽培，结果能力极强，每 667 平方米产量 4 000 多千克。

6. 碧　娇

台湾农友种苗公司生产。半停心性，新型桃红色，“圣女”形果，单果重15～18克，肉质脆甜，糖度大，产量高。

7. 翠红小番茄

台湾农友种苗公司生产。半停心性，耐热性好，结果力强，果长椭圆形，鲜红果，单果重13～14克，风味甜美，不易裂果，耐运输。

8. 金珠小番茄

台湾农友种苗公司生产。植株高，果实圆形至高球形，果色橙黄亮丽，单果重16克左右，果脐小，风味绝佳，不裂果，产量高，适合城郊栽培。

9. 吉　娜

引自荷兰。无限生长型，植株浓绿色。果实溜圆，单果重8～12克，口味极佳，无绿肩。保存期7周。该品种可抗烟草病毒（TMV）、V病毒和F_1、F_2病毒，适宜于温室大棚和露地种植。每花序最高可结果300个，一般可结果100～200个。

10. 小黄果

山东省菏泽市群策科技园蔬菜基地育成。果序似葡萄，果实椭圆形，横径2～3厘米，纵径3.5～4.5厘米，单果重20～25克；2心室，种子腔小，肉厚4～5毫米，口感好；果实金黄色，鲜嫩，耐贮运。坐果率高，每花序坐果20～40个。生有7～

8 片真叶时出现第一花序，以后间隔 3 叶长出 1 花序，单株着生 20 个以上花序。无限生长型，结果期长，果实转色快，单株产量 5 千克以上，每 667 平方米产量 10 000～15 000 千克。长势强，抗早疫病、晚疫病、灰霉病与病毒病，对叶霉病也有较强的抗性。适于日光温室和保护地栽培。

11. 黄洋梨

由日本引进。无限生长型。叶较小，普通叶，叶色深绿。总状花序，第一花序出现在 7～9 节，以后隔 3 叶出现 1 花序。每花序坐果 10 个以上。果实似洋梨，果形小，成熟后黄色，单果重 15～20 克。中早熟，定植后 50～60 天可收获，酸甜适中，品质佳，较耐热，抗病。每 667 平方米产量 3 000 千克。

12. 亚蔬王子樱桃番茄

由台湾引进。早熟，耐热。半停心性，株高 160～200 厘米，抗病毒病、萎凋病与叶斑病。结果力强，每一花序可结 50 个果左右，单株可结 500 个果以上。单果重 13～16 克，果色鲜红亮丽，可溶性固形物含量高达 10%，较硬，肉多籽少，不易裂果，耐贮运。

13. 亚蔬 6 号小番茄

台湾第一种苗公司培育。半停心性，高 1.2～1.6 米，长势旺盛，结果力强，每花序可结 30～60 个果。熟果鲜红亮丽，长椭圆形，单果重 10～15 克。不易裂果，味鲜甜，耐贮运。每 667 平方米产量 4 000～6 000千克。综合表现优秀。

14. 北京樱桃番茄

中国农业科学院蔬菜花卉研究所选育。无限生长型，长势强，花序长达15～25厘米，多为单列花序，每花序着花排列整齐、美观。果实圆球形，果面光滑，单果重25克左右，大小均匀，整齐一致。幼果有浅绿色果肩，成熟果鲜红色，色泽鲜艳，果实圆整，不易裂果，味浓爽口，可溶性固形物含量6.5%以上。适宜春季露地及冬、春保护地设施栽培。也可进行庭院栽培及阳台盆栽。种子极小，1克种子有600～700粒。

15. 樱桃红

由荷兰引进。无限生长型，植株长势强，叶绿色。第一花序着生在7～9节，间隔3节又着生花序。每花序坐果10个以上，果实小而圆，成熟后红色。果色鲜艳，风味好，稍甜，单果重10～15克。中早熟，定植后50～60天始收。较耐热，抗病，适宜露地栽培。每667平方米产量3000千克。

16. 微星

由韩国引进。无限生长型，生长旺盛，叶绿色。第一花序着生在6～8节，以后每隔3节出现1花序，每花序着果8～10个。果实圆正，成熟果红色，品质好。适宜露地及保护地栽培。

17. 圣女

由台湾农友种苗公司引入。植株高1.5～3米，无限生长型。分枝力强，生长旺盛，适应性强，栽培容易，病虫害少。生长快，早熟，播种至初收100～120天。开花结果率高，第一花序平均着生在9.8节，每株平均有9.5个花序。每花序坐果12～15个，单果重12～15克。果实呈高圆形，红色，果皮薄嫩，糖度高，肉质脆，口感甚佳。不易裂果，耐贮藏，最适合生食。每667平方米产量1 600千克。

大连广大种子有限公司生产的圣女比台湾圣女早熟7～10天，超产30%。半有限生长型，果形相同，管理简单。可以多秆整枝，结果多，抗病性强，品质更好，更耐贮运，果枣形，落地后采收仍可上市销售。

长春富民农业科技有限公司生产的圣女，7片叶左右着生第一花序，后隔2～3节着生1花序，高序位封顶，株高1.8～2米。双秆整枝，单花序最高可结60个果，单株最高可结500个果以上。单株最高产量4.5千克，比台湾圣女早熟10天左右。

18. 金　女

台湾农友种苗公司育成的杂交品种。无限生长型，植株高，早熟，结果力强。每1花序结果40个以上，双秆整枝时，单株结果500个。果实高球形，成熟后橙黄色，均匀亮丽，单果重12克左右。可溶性固形物含量可达9%，甜美多汁，风味良好。

19. 金旺-369

台湾益生种苗公司最新研制的一代杂种新品种。半停心性，耐热，能抗36℃高温，抗病性强，生长势好，耐贮运。成熟果橙黄色，卵圆形，半透明，品质好，可溶性固形物含量8%～10%，单果重10～13克。产量高，适合高消费及大众需求，是优良的水果型蔬菜。一般每株有花序15个以上，每花序可坐果25个左右，每667平方米产量4 000～6 000千克。

20. 金玉 101

台湾益生种苗有限公司最新研制的金黄樱桃番茄新品种。生长势强，高封顶，耐热性强，能抗 36℃高温，抗病，耐贮运。果实卵圆形，黄色半透明，单果重 13～16 克，可溶性固形物含量 8%～10%，适口性好，是优质的水果型蔬菜。一般每株有花序 15 个以上，每花序坐果 25 个左右。每 667 平方米产量 4 000～6 000 千克。

21. 小 天 使

从日本引进。有限生长型，株高 25～30 厘米，开展度 18 厘米×18 厘米，节间短，约为 2 厘米，叶片贴主干斜披，叶色碧绿。每花序着花 6～8 朵，坐果率高，果序上着生排列整齐，每花序坐果 25 个以上。果实圆形，鲜红色，单果重 10 克左右。可溶性固形物含量高，风味浓郁，品质极佳。不耐寒，光照要充足，种子发芽适温 25℃，植株生长适温 25℃～30℃。一般播种后 35 天左右开花，生长周期 90 天。适宜盆栽，单秆整枝。

22. 串珠樱桃番茄

中国农业科学院蔬菜花卉研究所选育。极早熟，春季播种至采收 100 天左右。果实椭圆形，果面光滑，美观，单果重10～15 克，大小均匀。幼果有浅绿色果肩，成熟果鲜红色，色泽鲜艳，抗裂耐贮，果肉脆嫩，可溶性固形物含量高达 7%以上，风味浓郁，鲜食味佳。有限生长型，主茎第五至第六片叶开始着生花序，以后每隔 1～2 片叶出现 1 花序，多为单式总状花序，每花序着花 8～12 朵。坐果率高达 90%以上，每序可坐果 8～12 个，每株结果 100 个以上。每 667 平方米产量 2 500～3 000

千克。适宜春季露地及冬、春季保护地、庭院栽培或盆栽。

23. 龙　女

台湾农友种苗公司生产。半停心性。早生，抗病，生长势强，丰产，耐热耐冷等。果实长椭圆形，鲜红色，单果重9～15克，每花序结果14～30个。果脐小，果肉厚，脆爽多汁，风味优美，可溶性固形物含量高达9.6%，不易裂果，耐贮运。

24. 丘比特

北京市农业技术推广站选育的杂交种。无限生长型，中早熟。第一花序着生在第六至第七节，花序间隔3节。叶绿色，果实成熟后黄色，圆形果，果皮薄，果肉厚，口感甜，品质佳，抗病性强。单秆或双秆整枝，每花序坐果最高可达75个，单果重11～15克。该品种适宜保护地冬、春、秋季栽培。

25. 翠　红

台湾农友种苗公司培育。半停心性，耐热性好，结果力强。果长椭圆形，鲜红色，单果重13～14克。风味甜美，不易裂果，耐贮运。

26. 京丹绿宝石

北京市农林科学院蔬菜研究中心最新选育的特色番茄一代杂交种，是保护地特菜生产的珍稀品种。无限生长型，中熟，主茎7～8片叶着生第一花序，花序总状或复总状，圆形果，幼果有绿色果肩，成熟后晶莹透绿似宝石。单果重30克左右，果味酸甜浓郁，口感好。适宜塑料大棚、日光温室和连栋温室等保护地周年栽培。

27. 超甜樱桃番茄

原产荷兰。早熟，无限生长型，长势较强，根系发达。越冬栽培一般株高10～15米，个别18米左右。第八至第十片叶开始着生第一花序，花序多为总状花序，每株可采收28～35序果，每花序坐果30个以上，最多55个。果实圆球形，果色初为橙黄色，成熟后鲜红色，有光泽，单果重10～12克。果脐小，皮厚，不易裂果，可溶性固形物含量5.3%，较耐贮运。

28. 京丹1号

北京农林科学院蔬菜研究中心培育的水果型樱桃番茄杂交种。无限生长型，长势强，中早熟种，第一花序着生于7～9节，每花序结果15个以上，最多60～80个。果实圆形或高圆形，成熟果红色，单果重8～12克，可溶性固形物含量8%～10%，果味甜酸浓郁，口感风味极佳。高抗病毒病，较耐叶霉病。适宜保护地栽培，尤以棚室长季节栽培最佳。在低温下不产生畸形果，高温下坐果也好。

29. 京丹2号

北京农林科学院蔬菜研究中心培育的水果型樱桃番茄杂交种。有限生长型，叶较稀，主茎5～6节着生第一花序，4～6序果封顶，极早熟。以总状花序为主，每花序结果10个以上，高低温下均坐果良好，耐热性强。果实多呈椭圆似桃形。未熟果有绿果肩，成熟果色泽亮红美观，商品价值高。单果重10～15克，果味酸甜可口，可溶性固形物含量6%以上。高抗病毒病，是夏、秋淡季栽培的优良品种。

30. 京丹3号

北京农林科学院蔬菜研究中心培育的长椭圆形樱桃番茄一代杂交种。无限生长型，节间稍长，有利于通风透光。中熟，高低温下结果习性均好。果实长椭圆形或枣形，成熟后亮红美观，口味甜酸浓郁，品质极佳，抗裂果性强。连续生长能力好，适宜保护地栽培，尤以温室长季节栽培最佳。

31. 京丹5号

北京农林科学院蔬菜研究中心培育的椭圆形抗裂果型樱桃番茄一代杂交种。无限生长型，中熟偏早。坐果习性良好，果实长椭圆形或枣形，成熟后亮丽艳红，视感佳，糖度高，风味浓，抗裂果。连续生长能力强，适宜保护地栽培，尤以长季节栽培最佳。

32. 京丹6号

北京农林科学院蔬菜研究中心培育的硬肉型大樱桃番茄一代杂交种。高抗病毒病和叶霉病。无限生长型，中早熟。主茎7～8片叶着生第一花序，总状和复总状花序，每序花7～20个。果实圆形稍微显尖，未成熟果有绿色果肩，成熟果深红光亮，平均单果重25克，果味酸甜浓郁。口感佳，果肉硬，抗裂果，可成串采收。连续生长能力强，适宜保护地长季节栽培。

33. 京丹红香蕉1号

北京农林科学院蔬菜研究中心培育的特色番茄一代杂交种。无限生长型，长势强，坐果习性良好，果形长似香蕉，成熟果光亮透红，抗裂果，耐贮运。

34. 京丹红香蕉 2 号

北京农林科学院蔬菜研究中心培育的特色番茄一代杂交种，有限生长型。坐果率高，果形长似香蕉，成熟果光亮透红，抗裂果，耐贮运。

35. 京丹黄玉

北京农林科学院蔬菜研究中心培育的特色番茄一代杂交种。无限生长型，果实长卵形，未成熟果有绿色果肩，成熟果颜色嫩黄，单果重 35 克左右，口感风味佳，是保护地特菜生产中的珍稀品种。

36. 京丹彩玉 1 号

北京农林科学院蔬菜研究中心培育的特色番茄一代杂交种。无限生长型，中熟，果实长卵形，未成熟果浅绿色，果面上有深绿色条纹，成熟果为红色底面上镶嵌有金黄色条纹。单果重 30 克左右，果味酸甜浓郁，口感好，是保护地特菜生产中的佳品。

37. 京丹彩玉 2 号

北京农林科学院蔬菜研究中心培育的特色番茄一代杂交种。无限生长型，中早熟，主茎 6～7 片叶着生第一花序，总状花序，每花序结果 5～8 个，果圆形，未成熟果有绿色果肩，且在浅绿果面上有深绿色条纹和斑点，成熟果为粉红色底面上镶嵌有金黄色条纹。果皮厚，韧性好，不易裂果。单果重 30 克左右，果味酸甜浓郁，口感好，是保护地特菜生产中的佳品。

38. 红太阳

北京市农业技术推广站选育的杂交种。无限生长型，中早熟，第一花序着生在第六至第七节，花序间隔3节，叶绿色。果实成熟后红色，圆形，果肉较多，口感酸甜适中，风味好，品质佳，抗病性强。单秆或双秆整枝，每花序坐果最高可达60多个，单果重12～16克。适宜保护地冬、春、秋季栽培。

39. 维纳斯

北京市农业技术推广站选育的杂交种。无限生长型，中早熟，第一花序着生在第六至第七节，花序间隔3节。叶绿色，茎秆粗壮，枝叶繁茂。果实成熟后橙黄色，圆形，果皮较薄，果肉多，口感甜酸适度，风味好，品质佳。抗病性较强，单秆或双秆整枝，每花序坐果最高可达60个，单果重14～18克。在高低温度下坐果良好，适宜保护地冬、春、秋季栽培。

40. 北极星

北京市农业技术推广站选育的杂交种。无限生长型，中早熟，第一花序着生在第六至第七节，花序间隔3节。叶绿色，叶片较稀。果实成熟后亮红色，枣形果，果肉较多，酸甜适中，风味极佳。抗病性强，适于贮运。单秆或双秆整枝，每花序坐果最高可达60个。单果重10～14克，适宜保护地和露地栽培。

41. 新　星

北京市农业技术推广站选育的杂交种。有限生长型，早熟，第一花序着生在第五至第六节，花序间隔1～2节，叶绿色。果实成熟后粉红色，果肉较多，酸甜适中。抗病性强，耐贮运。每花序坐果最高可达30个,单果重13～17克,适宜保护地和露地栽培。

42. 红洋梨

由日本引进,成熟果红色。无限生长型,叶片较小,普通叶,叶色浓绿,总状花序。第一花序出现在7～9节,以后每隔3叶出现1花序。每花序坐果10个以上,果似洋梨,成熟后黄色,单果重15～20克,酸甜适中,品质佳。中早熟,长势较强,较耐热、抗病。

43. CT-1 樱桃番茄

上海动植物引种中心育成的新品种。适应性强,尤其适宜高温多阴雨的华东地区栽培。无限生长型,生长健壮,耐热性强,叶片较稀,花序极多,一穗可结果30个左右。双秆整枝时每株可结果400个以上,单果重15克左右。果实椭圆形,亮红色,果肉多,种子少,可溶性固形物含量8%以上,口感鲜甜,风味美,极耐贮运。

44. 小玲

日本品种。果圆球形,深红色,果皮硬度适中,耐贮运,可溶性固形物含量8%～9%。叶色浓绿,长势强,易坐果,单果重约20克。

45. 金珠

台湾农友种苗公司选育。无限生长型,叶微卷,浓绿色。早熟,结果力很强。每花序可结果16～70个,双秆整枝时,1株可结果500个以上。果实呈圆形至高球形,果色橙黄亮丽,重

16 克左右，可溶性固形物含量 10%，风味甜美，较硬，裂果少，适宜春季和秋季栽培。

46. 东方红莺

东方正大种子有限公司选育。果实圆形，红果，直径2.5～3 厘米，单果重 15～20 克。果实含糖量高，口感佳。早熟，无限生长型，长势中等。花序分枝多，每花序坐果 40～50 个。不易裂果，耐贮运，适宜温室大棚或露地越夏种植。

47. 秀　女

台湾产。半停心性，抗凋萎病及耐叶霉病。结果力强，产量高，单果重 16～17 克。果色粉红，完熟时呈现深粉红色，果实大小整齐，可溶性固形物含量高达 9%以上。皮薄多汁，风味甜美，品质优良，适合做水果用。较不耐热，以秋播为佳，若以简易温室栽培更能达到高产、高品质、高价位。

48. 慧　珠

台湾产。无限生长型，生育强健，抗凋萎病，耐病毒病。1 花序可结果 35 个左右，果实长“圣女”形，比“圣女”美观。单果重约 20 克，果色深红亮丽，可溶性固形物含量 9.3%。风味甜美，无酸味，硬度适中，皮薄多汁，肉厚种子少，裂果少，外观亮丽。

49. 美味樱桃番茄

中国农业科学院蔬菜花卉研究所育成。无限生长型，生长势强，极早熟。普通叶，浓绿色，叶较小。第六至第七节着生第一花序，以后每隔 3 片叶着生 1 花序，坐果率 95%以上。每花序坐果 30～60 个，高者可达 80～100 个。果实圆形，大小均匀一致，果面光滑，果脐及洼梗很小，不易裂果，无畸形，外形美观，商品性好。未成熟果有绿色果肩，成熟后鲜红色。着色均匀，单果重 10～15 克。品质佳，酸甜适中，风味好。可溶性固形物含量 8.5%～10%，糖 4.9%～5.7%，每 100 克鲜重含维生素 C 24.6～42.28 毫克，可做中西配餐。高抗烟草花叶病毒病，抗黄瓜花叶病毒病。适于保护地及露地栽培，每 667 平方米产量 3 500～4 000 千克。

50. 一串红

江苏省农业科学院蔬菜研究所最新育成的樱桃型一代杂种。无限生长型，生长旺盛，茎秆粗，主茎第一花序一般着生在第七至第九节。总状和复总状花序，每序花数十个，多可达 50～60 朵。果序上小果梗间距离短，果实排列密集，序型美。果实圆形，未成熟时有绿果肩，成熟果红色。单果重 8～12 克，可溶性固形物含量 7.2%，最高可达 10%，皮薄肉质软，风味甜美。

51. 七仙女

江苏省农业科学院蔬菜研究所最新育成。无限生长型，生长势旺盛，结果能力强，1 花序可结果 7～12 个，果不易裂。果实圆形，单果重 15～18 克，金黄色，可溶性固形物含量 7%，肉质软，皮薄籽少，风味佳。

52. 606 小番茄

台湾省选育的樱桃番茄新品种。半停心性，株高可达 2 米。果实长椭圆形，果色红，果面平滑，单果重 15 克，可溶性固形物含量7%～11%，2心室。该品种具有高产、不裂果、耐贮运、品质好和抗性强等特点。每667平方米产量4 000～5 000千克，以秋、冬种产量高。采后糖分继续转化，贮藏15～20天食用品质佳。耐热性和耐寒性好。在山东，大棚温度保持10℃～28℃均可种植，海南气温30℃仍可生长。耐顶叶黄化卷叶病毒及番茄嵌纹病毒。

53. MICKEY

荷兰诺华公司育成。中熟，无限生长型，植株生长势强，做日光温室早春茬越夏栽培时，蔓长可达6～7米，最长达到10米。节间长6.4厘米，开展度83厘米，株型紧凑。第一花序着生于第六至第七节，平均每序74.9朵，以第一至第十二序果粒最多，平均每序125.3粒，最多可达215粒，平均单果重7.8克。果实深红色，扁圆球形，果皮厚，果味佳。前中期产量集中，每667平方米产量4 500～5 000千克，全期产量可达7 500千克以上。该品种耐高温，抗枯萎病、黄萎病和病毒病，增产潜力大。

54. 小皇后樱桃番茄

有限生长型，生长势中等。主茎第五至第六叶片开始着生花序，以后每隔1～2叶出现1花序，以单式总状花序为主，每序着花10朵以上，坐果率高，果实排列整齐。果实椭圆形，幼果有浅绿色果肩，成熟果鲜黄色，着色均匀，果面光滑，果形美观，可溶性固形物含量7%。抗裂，耐贮运。单果重10～15克，大小一致。极早熟，适宜春季露地及冬、春保护地栽培。

55. FS 红宝石番茄

河南豫艺种苗公司育成。无限生长型，果实高圆形或圆球形，果色鲜红，平均单果重 12 克，味甘甜，不易裂果，品质佳。

56. 红宝石 2 号番茄

单果重 10～12 克，果形均匀一致，品质好，产量高。

57. 金（黄）樱桃 F_1（Golden cherry F_1）

引自大韩种苗有限公司。无限生长型。叶片绿色，总状或复总状花序，每序着花 15 朵左右，最多 40 朵。单果重 10～15 克，果色金黄色，皮薄，抗裂，可溶性固形物含量可达 8%～10%。

58. 丽　人

无限生长型，生长势强，第一花序着生在第七节左右，坐果率极高，每花序可结果 30 个左右，最多可结果 70 个以上。果实近圆形，成熟后呈红色，平均单果重 12 克，大小均匀。裂果少，果味酸甜浓郁，风味可口。抗叶霉病和晚疫病。每 667 平方米产量 3 000 千克以上。

59. 黄　玉

无限生长型，生长势强。熟性早，7 叶左右着生第一花序，坐果率高，每序坐果 10～12 个。果实圆形，晶黄如玉，平均单果重 15 克，大小均匀，裂果少，风味品质极佳。抗叶霉病和晚疫病。每 667 平方米产量 3 000 千克以上。

60. 红　玉

日本龙井种苗公司培育。极早熟，生长势强，坐果性好，每序可结果15～16个。单果重20克左右，可溶性固形物含量7%以上，风味极佳，果实圆形或高球形，大小整齐，果色深红艳丽，裂果少，商品率高。对枯萎病及烟草花叶病毒病具有复合抗性。

61. 沪樱932

上海市农业科学院园艺研究所和上海市国家蔬菜品种改良分中心，于1999年以从美国引进的樱桃番茄品种“Superde”分离的后代“97-3A”为母本，以从我国台湾引进的分离材料“93-01-08-04”为父本，选育的一个优质樱桃番茄品种。自2000年起分别在湖北、江西、江苏、浙江、山东和上海郊区等地区进行中试推广，反应较好，是一个优质的樱桃番茄品种。

无限生长型，叶片较少，单花序，结果早而多。果实圆球形，果色红亮，单果重10～15克。果肉多，脆嫩，可溶性固形物含量平均9%，最高可达11%，风味香甜。耐贮运，常温条件下货架保存期可达到15～20天。种子少，抗病毒病、叶霉病和晚疫病，每667平方米产量1 000～1 500千克。

62. 金盆1号

重庆市农业科学研究所选育。自封顶，株高35厘米左右，开展度35厘米，植株矮小，株型紧凑，直立性强。普通叶，叶色浓绿。成熟果红色，圆形，单株挂果50个以上，单果重30克左右。畸形果极少，挂果时间长，特别适宜盆栽，是优良的观叶、观果品种，集观赏、食用于一体，是城市环境美化、室内装饰摆设价值极高的一个新品种。一年四季均可种植。

63. 丽彩 1 号

重庆市农业科学研究所选育。无限生长型，中早熟，生长势强，第一花序着生于第七至第九节，以后间隔 3 片叶着生 1 台果，单株挂果 60 个以上。果实圆形，单果重 40～50 克，大小均匀，无畸形果，幼果果面有放射状花纹，成熟后花纹清晰、明显，果红色，观赏性强。果皮较薄，味甜，口感好，果肉厚 0.45～0.5 厘米，可溶性固形物含量 7.5%以上。既能做水果鲜食，又能做观赏番茄栽培。每 667 平方米产量 3 500 千克以上。

64. 丽彩 2 号

重庆市农业科学研究所选育。无限生长型，中早熟，生长势强。第一花序着生于 8～9 节，以后间隔 3 片叶着生 1 花序，单株挂果 55 个以上。果实圆形，单果重 40 克左右，无畸形果。幼果果面有放射状绿色花纹，成熟后花纹淡化，成熟果变为黄色，观赏性强。皮薄而味甜，口感好，果肉厚 0.5 厘米，可溶性固形物含量 7%以上，是融鲜食和观赏性于一体的优良品种。每 667 平方米产量 3 500 千克以上。

65. 红珍珠

重庆市农业科学研究所选育。无限生长型，早中熟。7～8 节着生第一花序，以后间隔 3 片叶着生 1 花序，生长势中等。该品种在低温下着果能力极强，单株结果 120 个以上，成熟果鲜红色，果色均匀一致，单果重 10～15 克，果实椭圆形，大小均匀，无畸形果。果肉厚0.5厘米，种子腔小，种子极少，2心室，口感极佳，可溶性固形物含量9%～10%。皮厚果硬，货架时间在1个月以上，是水果用番茄的首选品种。适合露地及设施栽培。每667平方米产量3000千克以上。

66. 黄金果

重庆市农业科学研究所选育。无限生长型，中熟，始花节位7～8节，以后间隔3片叶着生1花序，单株结果100个以上，单果重15～20克。成熟果橙黄色，果色均匀一致，果实椭圆形，无畸形果。果肉厚0.4厘米，2心室，可溶性固形物含量8%～9%，皮薄，口感好，是水果型及观赏型栽培的优良品种，适合露地和大棚栽培。每667平方米产量3500千克以上。

67. 圣果樱桃番茄

安徽省农业科学院园艺研究所用两个台湾樱桃番茄品种分离后代90-02和90-16杂交分离稳定后，再和日本品种杂交，在后代分离中采用温室、大棚种植及抗病性鉴定，选出的高代稳定自交系953-48。该自交系植株属无限生长型，长势强，叶量少，节间较长，抗病毒病(TMV)、早疫病和叶霉病，高温条件下不卷叶。果实长圆形，大红色，品质较好。用其做母本。圣果的父本是利用常规品种与台湾圣女杂交，在其后代中选择而成的稳定自交系942-19。其植株长势强，叶量中等，果实椭圆形，大红色，无绿色果肩，抗枯萎病，耐湿，耐低温弱光。

圣果为无限生长型，生长势强，叶色深绿，叶片较稀少，宜密植。熟性早，始花节位第七至第八节，开花后30～40天可采收。花序间隔叶数2～3片，每花序坐果30～40个，最多可达50个。果实椭圆形，果实红而鲜艳，风味浓，口感好。可溶性固形物含量 9%～9.5%，单果重 14～16 克。每 667 平方米产量 5 000 千克左右。对病毒病和枯萎病的抗性与圣女相当，但对叶霉病、早疫病的抗性强于圣女，适应范围广，适宜温室、大棚等保护地春秋栽培。

68. 红樱桃番茄（苏彩一号）

江苏省苏州市蔬菜研究所选育。株高 2 米以上，普通叶，无限生长型，第一花序着生于 7～8 节。果实圆球形，红色，单果重12～15 克，风味鲜美，可溶性固形物含量 7%以上，皮较厚，耐贮运。适宜春秋栽培。

69. 粉红樱桃番茄（苏彩三号）

江苏省苏州市蔬菜研究所选育。株高 2 米左右，普通叶，无限生长型，第一花序着生于 8～9 节，花序间隔叶 3 片，果实圆球形，粉红色，单果重 15 克左右，水分较多，可溶性固形物含量 6.5%以上，风味较好，适宜春秋栽培。

70. 橙黄樱桃番茄（苏彩四号）

江苏省苏州市蔬菜研究所选育。株高 2 米左右，普通叶，无限生长型，第一花序着生在第八节，花序间隔叶 3 片，果实圆球形，橙黄色，单果重 13 克左右，水分少，味甜，可溶性固形物含量 6.5%～7%。单株结果 9～10 个花序，结果 300 个以上，单株产量 3 千克以上。皮较厚，适宜春秋栽培。

71. 米黄樱桃番茄（苏彩五号）

江苏省苏州市蔬菜研究所选育。株高 2 米左右，普通叶，无限生长型，第一花序着生在第八节，花序间隔叶 3 片。果实圆球形，米黄色，单果重13克左右。皮较薄，酸甜适中，可溶性固形物含量6.5%～7%。单株结果9～10个花序，每序花结果30～120个，单株产量3千克以上。

72. 橙红樱桃番茄（苏彩六号）

江苏省苏州市蔬菜研究所选育。株高2米左右，普通叶，无限生长型，第一花序着生于7～8节，花序间隔叶3片，单果重12克以上。每序花结果20～50个，单株结果250个以上。皮较厚，果色橙红，有光泽。可溶性固形物含量7.5%以上，货架期可达15～20天。

73. 深红樱桃番茄（苏彩七号）

江苏省苏州市蔬菜研究所选育。株高2米左右，普通叶，无限生长型，叶较稀疏，第一花序着生在第七至第八节，每序花可结果20～50个，果实圆球形，深红色，无光泽，单果重12～15克，风味好，可溶性固形物含量8%左右。皮厚，耐贮运，适宜春秋栽培，单株结果9～10个花序，结果250个以上。

74. 棕紫樱桃番茄（苏彩八号）

江苏省苏州市蔬菜研究所选育。株高2米左右，普通叶，无限生长型。果实圆球形，棕紫色，单果重15克左右，水分较多，可溶性固形物含量7%左右。单株结果7～8序，结果200个以上。

75. 樱红1号

青岛市农业科学研究所新育成的微型番茄一代杂种。无限生长型，生长势强，叶色浅绿，复总状花序。坐果率高，每花序结果 25～60 个，经济性状好。果实圆球形，大红色，风味品质极好。单果重 12～15 克，可溶性固形物含量 7%～9%，维生素 C 含量为普通番茄的 2 倍左右。高抗番茄枯萎病和病毒病，田间观察和苗期人工接种鉴定结果，病情指数均低于 4。高产，5 序果产量可达 7 000 千克。从播种至收获 107 天左右。白天生长适温 24℃～29℃，耐热性强，耐低温，耐弱光。适应性极强，适合保护地和露地栽培。

76. 1319 番茄

以色列海泽拉公司培育。单果重 15 克左右，每花序结果 15～30 个，果色鲜红，具有高产、优质、抗病力强和抗裂果的优点，是目前生产上优秀的整果序采收的品种之一。

77. 337

东方正大种子有限公司生产。无限生长型，果实圆球形，鲜红色，大小 6.7 厘米×5.8 厘米，单果重 10～20 克，生长势强，抗病高产。果皮厚，耐贮运。

78. 淘　淘

极早熟，生长强健，抗病性强，坐果容易，每花序可结果 15～16 个，单果重 20 克左右，可溶性固形物含量 7%以上，果实圆球形，大小整齐，果色深红艳丽。

79. 拍　拍

北京市农业技术推广站小汤山地区地热开发公司 1995 年由日本引进。中熟，一代杂种，根系发达，再生能力强，茎半蔓生，生长势强。分枝性强，为合轴分枝，叶互生，不规则羽状复叶，茎叶上密被短腺毛，散发特殊气味。果实红色、圆形，单果重15克，每花序结果30～50个。从定植至收获80天，采收期可达180天。该品种喜温、喜光、耐肥、半耐旱。白天适温为25℃～28℃，夜间适温为16℃～20℃。光饱和点为7万勒，适宜的空气相对湿度为45%～50%。每667平方米产量5 000千克左右。抗病，外观漂亮，口感好。贮藏期短。适宜京郊保护地高产高效栽培。

80. 千红1号

无限生长型，生长势强，叶片较小，叶色浓绿。第一花序着生于7～8节，以后每隔3叶着生1花序，花序大，平均坐果30个以上。果实圆形，红色，平均单果重10克。果皮薄，味浓，甜，口感极佳，可溶性固形物含量8%～9%，无土栽培的含量高达9%～10%。早熟，抗病毒病及其他叶部病害，适宜露地及保护地栽培。每667平方米产量3 500～4 000千克。

81. 千红2号

植株长势较弱，茎秆较细，特别适宜吊秧栽培。主茎易生侧枝，且侧枝结果性好。第七至第八节着生第一花序，花序穗状或复穗状，单性结实好，自然坐果率高，每花序结果15～30个。果实枣形，着色完整均匀，成熟红色，鲜亮艳丽，单果重10～15克。果皮厚，果肉多，果汁少，可溶性固形物含量7%～8%。不易裂果，特耐贮运。高抗病毒病及其他叶部病害，耐热、耐低温，适于春露地，秋延迟，保护地越冬、早春等多茬口栽培。每667平方米产量3 500千克以上。

82. 红香蕉

无限生长型，长势很强，茎秆粗壮，叶片肥厚。第七至第八节着生第一花序，以后每隔 3 片叶着生 1 花序，每花序 6～8 朵花。果实似香蕉，长约 10 厘米，直径 3～4 厘米，成熟后红色，脐部带尖，单果重 40～50 克。果皮硬，果肉厚，腔小，耐贮运。中晚熟，不抗病毒病，抗叶霉、灰霉等叶部病害，适宜保护地栽培，每 667 平方米产量 3 500 千克。

四、生长发育过程

番茄的生育周期分为发芽期、幼苗期、开花期和结果期。

（一）发芽期

从种子萌动到第一片真叶出现为发芽期。正常温度下，发芽期需 10～14 天。其间包括种子吸水、发根、发芽和子叶展开等过程。浸种后 2 小时为急剧吸水期，其吸水量相当于风干种子重量的 64%左右；然后是缓慢吸水阶段，持续 5～6 小时，吸水量约等于种子风干重的 92%时，即达饱和状态。种子吸水后，胚根伸长，从萌发孔突出。在 25℃中，吸水后 36 小时开始发根。幼根伸长，带动弯曲的胚轴伸长。胚芽和子叶从种子内长出。子叶完全从种子内长出时，侧根已发生 1～2 条。子叶展开后开始进行光合作用，当第一片真叶显露时，发芽期结束。

番茄种子小，胚乳贮藏的营养不多，为使幼苗茁壮，应尽量创造适宜的温度、水分和氧气等条件，加速发芽过程。同时，子叶出土后，应降低夜温，防止胚轴过分伸长，形成高脚苗。

（二）幼 苗 期

番茄从第一片真叶破心，到开始现大蕾为幼苗期。幼苗期经历两个不同的阶段：真叶 2～3 片，即花芽分化前为基本营养生长阶段，这阶段的营养生长为花芽分化及进一步营养生长奠定基础。播种后 25～30 天，幼苗 2～3 片叶时，花芽开始分化，进入幼苗期第二阶段，即花芽分化及发育阶段。播种后 35～40 天，开始分化第二花序，再经 10 天分化第三花序。花芽分化早而快，以及花芽分化的连续性，是番茄花芽分化的特点。在适宜条件下，幼苗期需 40～50 天，生长前期，子叶是光合作用的主要器官。子叶展开后，到 2～3 片真叶前，应促进子叶肥大、浓绿，并尽量保护好子叶不受损伤；并且要创造良好条件，防止幼苗的徒长和老化，保证幼苗健壮生长，花芽正常分化和发育。

（三）开 花 期

从现蕾到第一个果实形成为开花期。花蕾到开花一般需 15～30 天，开花期的植株除继续进行花芽和叶芽的分化及发育外，株高增加，外叶不断长大，营养生长旺盛。与此同时，随着花蕾的出现，开花及形成幼果，植株从以营养生长为主转向营养生长和生殖生长并存阶段的过渡，直接关系到产品器官的形成及产量，特别是早期产量。因此，在生产上既要促进营养生长，使植株色泽浓绿，茎秆粗壮，根深叶茂，为以后开花结果打好基础，又要防止植株徒长而引起落花落果或推迟开花结果。

（四）结 果 期

从第一花序着果到结果结束都属于结果期。这一时期果、秧同时生长，营养生长与生殖生长的矛盾始终存在。所以，容易引起结果期产量消长，呈波浪形变化。因此，应该创造良好的条件，促进秧、果并旺，不断结果，保证早熟丰产。

五、生长发育需要的条件

（一）温 度

樱桃番茄属喜温作物，在月平均温度20℃～25℃的季节里生长发育。生长适温24℃～31℃，比一般番茄耐热，气温高于35℃或低于15℃时生长缓慢，易落花落果。但不同生育期对温度的反应不同。发芽的适温为25℃～30℃，低于10℃或高于40℃时不发芽。苗期地上部在8℃开始生长，25℃～30℃时生长最快。根在6℃开始生长，在28℃时生长最快，低于12℃生长受阻，一般土温稳定到12℃以上时定植。结果期白天20℃～23℃，夜间11℃～17℃最好，超过45℃时会损伤生长点。开花期对温度敏感，尤其开花前5～9天，当其正在进行减数分裂时及开花当天和开花后2～3天，温度在35℃以上，或低于15℃时，不利于植株的发育，引起落花。一般温度降低至10℃时，植株停止生长。－1℃～－2℃会冻死。番茄果实在15℃～30℃的温度内均可着色，但最适温度为20℃～25℃，当温度达到30℃以上时，果实发育虽快，但落果增加，茄红素合成受到抑制，果实经8℃以下低温后，茄红素的合成受到干扰破坏，所以，过高或过低的温度，都不利于红熟。

（二）光　照

番茄属中光性植物，对日照长短的要求较宽，以每天16小时左右的光照条件为最好。光饱和点为7万勒，最大同化强度为每小时每平方分米叶面积吸收二氧化碳31.7毫克，大约每平方米的叶面积产生1千克果实约需95小时的光照时数。生产上一般应保证3万～3.5万勒，最少应在1万勒以上的光照强度才能维持正常生长发育。光照不足，会因营养不良而造成落花；光照过强时，易导致卷叶或果面灼伤。

（三）水　分

樱桃番茄茎叶繁茂，蒸腾作用强，但根系强大，所以较耐旱，不必经常大量灌溉。空气相对湿度一般以45%～50%为宜，湿度过大时授粉不良。第一花序坐果前要控制灌水量，防止徒长；坐果后应将土壤湿度保持在最大持水量的60%～80%，严防忽干忽湿，否则容易引起脐腐病的发生和出现裂果现象。

（四）土　壤

番茄对土壤适应性较强，在pH值5.2～6.7都能栽培，沙质土或重粘土都可种植。番茄需要大量的营养物质，生产10 000千克果实，约需要从土壤中吸收氧化钾33千克，氮10千克，五氧化二磷5千克。此外，还需要硫、钙、镁和铁、锰、硼、锌等微量元素。这些元素大约73%用于果实，27%用于茎、叶和根中。因此，栽培时一般应选土层深厚，排水良好，富含有机质的壤土。

六、培育壮苗

育苗是早熟、高产的重要措施。“苗好三分收，无苗一场空”。育苗的好处是：苗床集中，面积小，在外界条件不适宜生长时，能用人工方法调节环境条件，适时播种，使其提早生长发育，达到壮苗，为大田移栽提供合乎要求的苗子。利用苗床，早育苗，早栽植，早开花，早结果，能够掌握农事季节的主动权，不失时机地抓好田间管理，为丰产奠定基础。

健壮的秧苗，从外形看，壮苗的茎粗，节间短，秆硬；叶片大而肥，颜色浓绿；根系发达，须根多，颜色白；花芽分化及开花较早，花器大；从体内成分看，壮苗内含干物质多，冰点低，抗寒，根系恢复力强，定植后能迅速适应改变了的环境，缓苗快。

(一)阳畦育苗

阳畦又叫冷床，这是和需要酿热物做热源，增加温度的温床相比较而言的。阳畦的热量来自太阳，晚上借助保温设备——风障、床框和覆盖物，把热量保存起来。因此，阳畦的小气候状况，一方面随着天气的变化而变化，另一方面也因阳畦某一部分的改变而变化。阳畦的应用和日常的管理工作，就是将这两方面的变化统一起来，创造适合作物生长需要的气候条件。

1. 阳畦的修建

阳畦主要由床框、玻璃窗(或塑料薄膜)和草帘 3 部分构成(图 2)。床址应选在背风、向阳、排灌方便、好管理的地方。四周最好打上土墙或立上风障,能挡风,又可以防止牲畜践踏。

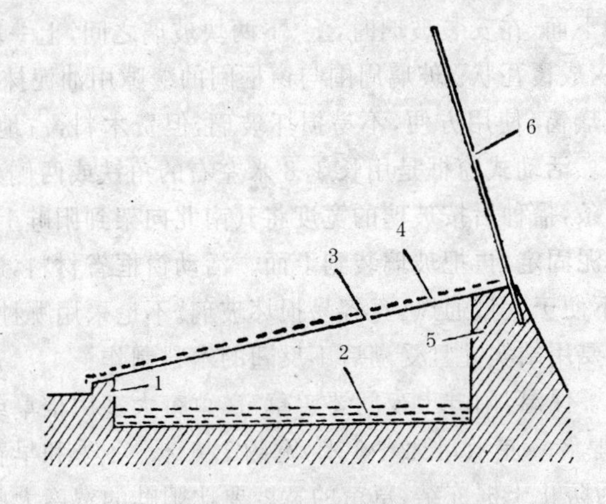

图 2 阳畦床框横剖面图

1. 南墙 2. 培养土 3. 玻璃窗或塑料薄膜
4. 草帘 5. 北墙 6. 风障

挖床的时期,依使用的迟早而定,冬季和早春用的,最好于前一年冬季,地冻前挖成;春季用得迟的,可在地解冻后随挖随用。为充分利用阳光,床的方向应为正南或稍偏东南。土框东西长 6~8 米,宽 1.3~1.6 米,深度视用途而定,播种床北墙高约 40 厘米,南墙高 6 厘米。分苗移栽用的苗床比播种床深些,但北墙与南墙高度的差异应小,这样床面的倾斜度小,温度较均匀,可以避免北墙根太热而发生“烤苗”。床框挖好后尽早挖翻床底,打碎土块,晒透,使用时再搂平、踩实。

窗框的规格,按玻璃的大小而定。最好选长 80 厘米,宽 60 厘米,厚 0.3 厘米的玻璃,裁成两块,每块长 60 厘米,宽 40 厘米。过大,容易损坏。玻璃窗有固定式和活动式两种。固定式玻璃窗，当阳畦宽1.6米时，窗框长1.8米，宽85厘米，每个窗框安装6块玻璃。窗框的3根纵木条和上端的横木条宽、厚各5厘米。为便于排水，中间的两根和下端的横木条要放在玻璃的下面。在安装玻璃时，上、下两块玻璃之间，上一块压住下一块，成覆瓦状。玻璃周围与窗框间的缝隙用油泥抹严。固定式玻璃窗，使用方便，不易损坏玻璃，但费木料，占地方多，难保管。活动式窗框是用长1.8米左右的角铁或两侧刻有浅槽的木条，播种后按玻璃的宽度将其南北向架到阳畦上，两头用麦草泥固定，再把玻璃装到上面。活动窗框省材料，遮阳面小，但不便于大量通风，且容易损坏玻璃。不论采用哪种形式，窗架都要用结实并且受潮后不反翘的木料制作。

为了保温，阳畦上夜间要盖草帘。草帘大多用稻草或蒲草编成。厚3.3厘米，长2～3米，宽约1.6米。冬季和早春用的苗床，为防止土框冻结，草帘的宽度要比阳畦的宽度大些。

近年，用塑料薄膜覆盖育苗的相当普遍。薄膜的透光性与玻璃相似，特别是对紫外光的透过力比玻璃还高，这对叶绿素的形成较为有利。薄膜导热慢，保温性好，保水力强，在晚春育苗中用得多。常用的覆盖方式有四平畦拱棚和阳畦斜面式两种。前者，先将地耕松、耙碎、耱平，再按南北方向做成宽1.2米，长10米，深20～25厘米的畦子。畦子周围的畦埂高度一致。播种后，先在苗床上横向每隔60厘米左右插一根细竹竿，做成拱形支架，拱架顶部距床面高0.5～0.7米。支架上盖薄膜，薄膜要拉展、拉紧，四周用细土压实、封严。拱棚两头可用土坯做成拱形小墙，墙中间留一个通风口。播种后，先用土坯将通风口挡住，出苗后再打开通风。阳畦斜面式覆盖，先在畦上横向每隔30厘米左右平放一根竹竿，将薄膜平着盖好即可。

2. 培养土的配备、消毒和填床

培养土供应秧苗需要的水分、养分和空气，所以，必须疏松、肥沃、没有病虫害和草籽。一般由园土4～6份、腐熟厩肥6～4份（按容积）组成。若土壤粘重还需掺沙。另外，每立方米培养土中再加过磷酸钙1千克，硫酸钾0.25千克，尿素0.25千克。鸡粪中含有大量的磷、氮、钾，在床土中加入后，苗子壮实。所用的厩肥，应于前一年夏季进行沤制，使其充分腐熟，分解成细末状时再用。堆沤时，尽量使温度升到70℃以上，以杀死潜藏的病虫害。配制培养土用的土壤，要从近1～2年未种过茄果类蔬菜、马铃薯和烟草等作物的地中挖取，最好用葱蒜地、秋芹菜地或禾谷类作物地里的表土，尽早挖出，晒干打碎，过筛。

为防止土壤带病，特别是减少猝倒病、立枯病和菌核病菌，每1 000千克培养土，用200～300毫升福尔马林，加水25～30千克，稀释后喷洒到土中，拌匀、堆积，用湿草帘或塑料薄膜盖严，闷2～3天，再摊开，待药气散完后使用；或播种时每平方米苗床用70%五氯硝基苯与50%福美双（或65%代森锌）等量混合的粉剂8～9克，掺干细土10～15千克，做垫籽土和盖籽土；或每平方米用50%多菌灵或70%苯来特4～5克，加水稀释后洒到床面，将苗床密封2～3天后，再播种或移苗。

填培养土前，要把床底整平、踏实。用旧苗床育苗时，应把原来的培养土挖出来，用麦草泥抹严苗床周围的缝隙。然后，在床底撒些敌百虫粉，防治地下害虫。最后，再铺厚约10厘米的培养土，踏实、耱平。为便于灌水，可把一个苗床隔成几个小畦，播种前按小畦灌水。这样，水量较均匀，苗子生长整齐。

3. 适时播种

播种期按栽培目的、移栽期和育苗的设备条件确定。番茄定植时较好的苗龄是花蕾出现。如果条件适宜，出苗后 30 多天能现花蕾，差的应在定植前 60～90 天播种。

番茄从出苗到第一花序开始分化，及花芽发育的全过程各需 600℃的积温，所以，要育成带花或大蕾的壮苗，必须有 1 000℃～1 200℃的积温。如果出苗后日平均温度为 25℃，育苗期需要 40～48 天；20℃时需 50～60 天；15℃时就需 66～80 天。番茄发芽时必须把温度提高到 20℃～30℃，之后随着生育的进展再适当降低。低温中，特别是在低夜温中比在高温中育的苗，虽然生长及花芽的分化、发育较慢，但着花节位低，花数多而大，落花也少。因为番茄从发芽后约经 1 个月，一般当第三片真叶展开时，第一花序的花芽开始分化，再过 30 天左右就开花。而在花芽分化前后，如果温度过低(5℃～7℃)，则常引起畸形果。所以，育苗期的温度白天以 25℃左右，夜温先用 15℃，之后再用 10℃～12℃较好。

阳畦温度低，也不稳定，苗子生长慢。同时，苗期要进行分苗移栽，所以，要适当早种。

为了提早出苗，达到苗齐、苗壮，一般按下列步骤进行种子处理：播种前 1 周，将种子摊开晒 2 天，再放入清水中漂除秕籽，泡 4 小时，捞出、晾干表面水分后，放入 10%磷酸三钠水溶液中浸 20 分钟，捞出，立即用清水冲净种子上的药物，然后，用 55℃的温水烫种，搅拌 15 分钟。当水温降到 35℃时继续浸 10 小时，使其吸足水分。浸种时间不可过长，以免吸水过量，引起种子内贮藏物质外渗或胚部缺氧。浸种后用纱布把种子包住，放到 25℃～30℃处催芽。

(1)小温床催芽　挖深约50厘米的坑，填入马粪等酿热物。经1周，待发热高峰刚过，在酿热物上刨小坑，放一瓦盆，盆内铺湿麦草，麦草上放种子袋，盆中放温度计，盆口用木板盖住。注意观察，当盆内温度过高或过低时，可用减少或增加瓦盆在酿热物中埋入深度的办法，调节温度(图3)。

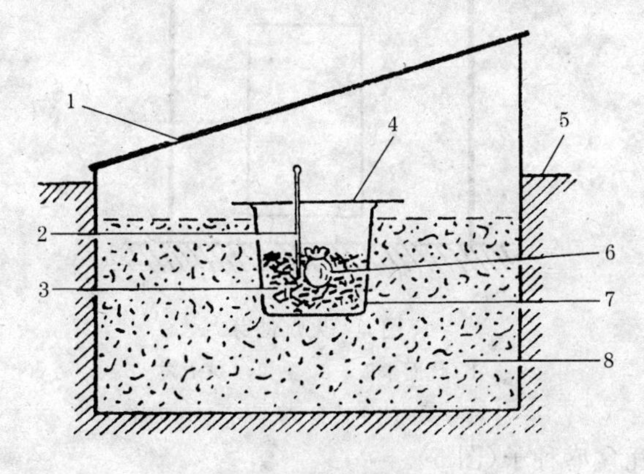

图3　小温床催芽法

1. 玻璃窗　2. 温度计　3. 湿麦草　4. 木板盖
5. 地面　6. 种子袋　7. 瓦盆　8. 酿热物

(2)火炕催芽　火炕催芽时，可以直接利用住房内的热炕，将催芽的瓦盆放到炕上，用被子或麻袋盖住，保持温度。但最好是另砌一个专供催芽用的火炕，火炕下面用蜂窝煤炉加温，炕上放沙子，将催芽盆的下半部埋到沙中，盆口与沙面相平，用盖盖住(图4)。

(3)土温箱催芽　做一个长、宽、高各65厘米的双层木箱，两层箱壁间填锯木屑，箱内壁钉1～2层塑料薄膜以保温、保湿，防止木箱受潮变形。箱子一侧装一扇门，箱子顶部钻两个小孔：一孔引入电线，安装灯泡；另一孔插入温度计。再开一个直径约4厘米的大孔，用木塞或棉花塞住，用以调温，箱

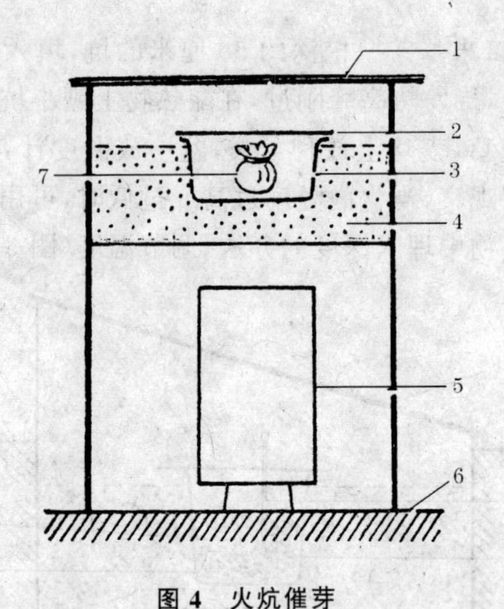

图 4　火炕催芽

1. 炕面木板　2. 盆盖　3. 瓦盆
4. 沙　5. 火炉　6. 地面　7. 种子袋

内用瓦盆盛种子(图 5)。

催芽期间,每天须用温水冲洗种子 1～2 次,甩干多余的水分,排净粘液,并定期将种子包解开,搅动种子,使包内各部分的种子受热均匀。经 5～7 天,当 50%～75%的种子露白时播种;或于露白时,将温度降低到 2℃,让芽蹲 1～2 天再播。这样播种后出苗快。发芽后,如天气不好,或因其他原因不能播种时,把种子放在冷凉处摊开,用湿布盖住,暂时抑制芽子的生长。

播种宜选择晴天。先灌底水,水量以床面水深 3 厘米为好。水渗完后,向床面撒一层培养土,厚 0.3～0.6 厘米,抹平床面。再将催好芽的种子,用草木灰或细沙拌散,均匀地撒入床内,再覆一层培养土,厚 0.6～1.2 厘米,盖住种子。为预防鼠害,可用 1 份磷化锌,加 90 份炒香的麸皮,或 1 份安妥,加

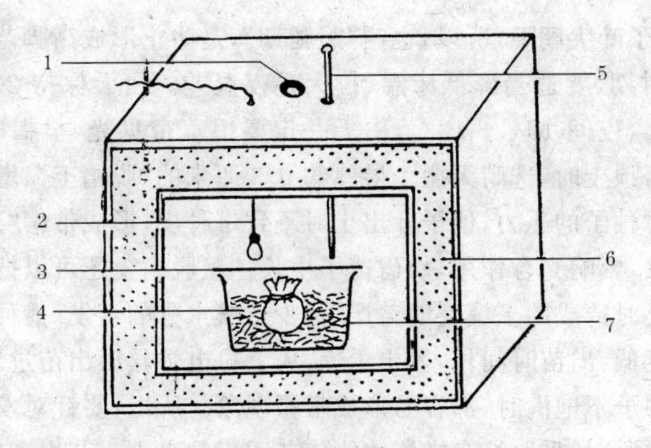

图 5 土温箱催芽

1. 调湿孔 2. 灯泡 3. 盆盖 4. 湿草

5. 温度计 6. 锯末 7. 催芽盆

90 份麸皮,拌匀,撒在苗床周围。

播种后,立即盖好玻璃窗或塑料薄膜,提高床温,促进出苗。

4. 苗期管理

播种后,种子萌发需要的水分和空气已经具备。这时,管理的中心任务是把苗床的温度提高到 20℃～30℃。同时,还要求较高的湿度,使表土层湿润,防止子叶出土带帽。但也要防止浇水过多,造成土壤通气性差,导致烂种。为此,要把玻璃窗或薄膜盖严,草帘要适当晚揭早盖。由于干草帘的保温性能优于湿草帘,为防止草帘受潮,晚上在草帘上再盖一层薄膜,如播后遇连续阴天或雪天,床温低时,可在床内距床面 6～10 厘米处拉一根 500～800 瓦的电炉丝加温。因幼苗子叶尚未出土,所以,光照不是必要条件。在阴雨(雪)天,为了保温,可以一直不揭草帘,利用电炉丝加温。子叶出土期,下胚轴弯曲出土，子叶尖朝下，所以，也叫“跪腿期”，是防止形成高脚苗的关键时期，要适当降低床温，拉大昼夜温差。白天保持20℃～30℃，夜间10℃～13℃，白天一定要揭草帘见光，早揭晚盖。幼苗顶土时，选晴天撒1层厚约0.3厘米的“脱帽土”，增加土壤对种子的压力，使子叶出土时不致带种皮，形成带帽“顶壳”现象，影响光合作用，妨碍苗子生长。覆脱帽土还可以把幼苗出土时造成的土壤裂缝盖严，减少土壤水分的蒸发。播种后当温度低，出苗时间长，表土干燥，床上拉电炉丝后出苗过猛，以及种子不饱满时，都容易形成带帽现象。所以，要针对发生带帽的原因，采取综合措施才能使苗子正常出土。苗出齐后，为了保墒并加厚幼苗根颈上部的土层，促使发生不定根，要再撒2～3次土，每次厚2～3毫米。撒土应在叶子上没有水珠时进行，防止叶上粘土。

播种后有时会发生不出苗，或出苗不整齐的现象。前者，主要是因底水少，土壤过干，或底水太多，覆土又厚，床温低。后者，主要是因床面不平、灌水不均匀、覆土厚薄不一和种子质量差等造成的。所以，要使出苗快而整齐，既要有质量好的种子，又要精细整床，灌好底水，覆好土，控制好床温。

苗出齐后，要把过密的苗子尽早间开，防止拥挤。间苗要分2～3次进行，逐渐加大苗距。最后，使苗间保持1.5～3厘米的距离。间苗时，注意选苗，将子叶扭曲、残缺的畸形苗、病虫为害苗、高脚苗、矮小苗及晚出的苗拔除。间苗后一定要撒一层细土填缝，保墒护根。

番茄苗期生长需要的温度较高，温度稍低时生长很慢，出苗后管理中应以保温为主。从苗出齐起，整个育苗期间，晴天白天床温应保持22℃～25℃，晚上13℃～15℃。真叶出现前，为使子叶充分肥大，温度宜高。从真叶顶心时起，开始通风，先将玻璃拉开小缝，以后逐渐加大，白天最高床温不要超过30℃。通风时风口要背着风向，防止冷风直接吹入后使苗子受冻。阴雨天或下雪天，白天要揭开草帘，积雪要及时扫除。分苗以前，土壤水分以湿润稍偏干些为好。观察方法是：从床面下1～2厘米深处取土，放于二指间捏之，可捏扁但不粘手，再搓又能散开时，表示水分适宜。缺水时，在晴天上午灌水，防止降低床温。午后灌水，床土湿度大，温度又低，容易引起倒苗。灌水后叶片无水珠时，撒一层培养土，保墒护根，提高温度，并降低空气湿度。

5. 分　苗

分苗又叫疏苗移栽、假植，是当播种床里的苗子长到2～3片真叶时挖出来，再按一定的距离，分栽到另一苗床中，加大苗距，使它继续长大，等天气暖和后再定植到大田中去。分苗能进一步扩大秧苗的营养面积，育成大苗，并促使多发侧根，提高生活力。试验证明，在育苗期间，营养面积大，而定植后的营养面积小些，可以增加产量，提早成熟。

分苗移植是育苗中常用的扩大营养面积的措施，应尽量提至2～3片真叶前，即第一花序的花芽尚未分化时进行。如果晚了，因伤根而使生育减慢、花芽分化延迟、花数减少。特别是移植次数多、操作又粗放的危害更大。通常每移植1次，能使花芽的发育慢3天。所以，移植次数要少，时间要早，并且要精心保护根系。

分苗次数不能太多，一般以1次为宜。如需2次移植，要尽量采用营养土块、塑料钵等护根措施，并在2次移植之间，留有足够的时间，使其恢复生长，防止对根系的连续破坏。

(1)开沟分苗　苗床整平后用柄短、刃宽的手铲或刃片刀，开宽 6 厘米，深 5～7 厘米，上宽下窄呈“V”字形的沟，用壶向沟内浇水。水渗后将苗按 7～9 厘米的距离贴于沟侧，立即覆土。栽完 1 行后，再开沟栽第二行。这种栽法，沟小，水集中，水少，地温高，而且下湿上干，床面又疏松，既能保墒，又有利于提高床温，缓苗快，成活率高。

(2)泥筒分苗　制泥筒时，先准备大、小两个圆筒，它们用白铁皮做成，内壁必须光滑。小筒也可用废手电筒代替。大筒的直径决定着泥筒的大小，而小筒则关系到筒壁的厚薄。当大筒的直径是 7 厘米时，小筒的直径有 3～4 厘米即可。泥筒的高度，应与大筒的直径接近。

制泥筒的用料须疏松、肥沃、没有病虫害，且稍微有些拉力。常用的配方是：1/3 的腐熟马粪，1/3 的炉渣和 1/3 的尿糟土；也可以直接用圈粪来做，如果要用麦糠、稻草、垃圾等，可待其腐熟后掺些炉渣灰和园土。要特别注意的是不要单纯用土来做，这样不仅肥力差，透气性不好，而且干了容易龟裂，灌水后容易散开。

制泥筒的泥，可以用水和，但最好用稀粪尿和，先和稀些，再掺干料，弄稠。泥的软硬以去模后泥筒不变形为宜。泥最好随和随用，这样较疏松。

制泥筒时，先把泥装入大筒，抹平；把小筒插到中间；之后，将大筒向上提，再抽出小筒，就成了中间留有一个圆孔的泥筒。以后，将苗栽到圆孔中，用干散、肥沃的培养土稳苗，并浇足缓苗水。苗子长大后，连同泥筒一起定植到大田中。

(3)草钵和塑料钵分苗　草钵是用稻草做成容器，内填培养土制成的。做草钵时先用陶钵、废搪瓷杯等做模型；再把稻草理顺，梳去些叶片，切成长约 30 厘米的小段；每 20 根左右一束，扎成小把，两端分成扇形，压入模型中；然后填入培养土，摁实。钵口用草箍住后，将草钵同土一起提出即可(图 6)。应注意，制草钵时草不要太多，防止其开始分解时微生物从土中过多地吸收氮素，影响苗子生长。另外，培养土的干湿程度要适宜，以手紧握成团，落地可散开时为佳。

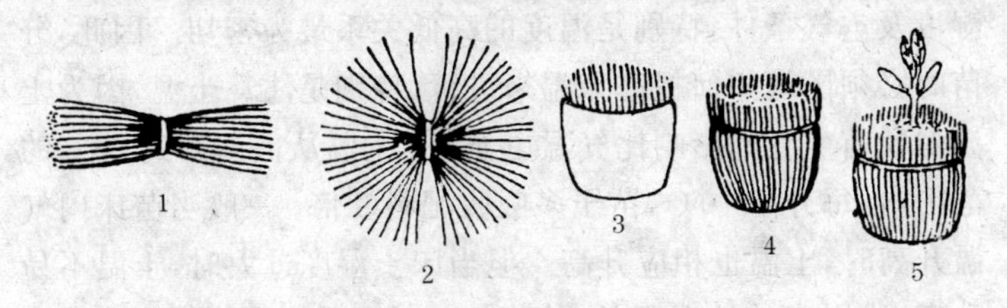

图 6　草钵制作过程示意图

1,2,3,4. 操作顺序　5. 栽入秧苗

塑料钵是近几年开始使用的。大小有 6×6×4，8×8×6，8×12×6，10×9×8，10×10×8，13×12×10 和 15×13×12(单位：厘米)等规格。用耐湿、耐损、寿命长的塑料制成，钵上部大，下部略小，底部有孔，钵壁厚 0.1 厘米，质软，苗子育成后可将其取下来，重复利用，是蔬菜、棉花、果树、花卉等多种植物育苗的理想工具(图 7)。

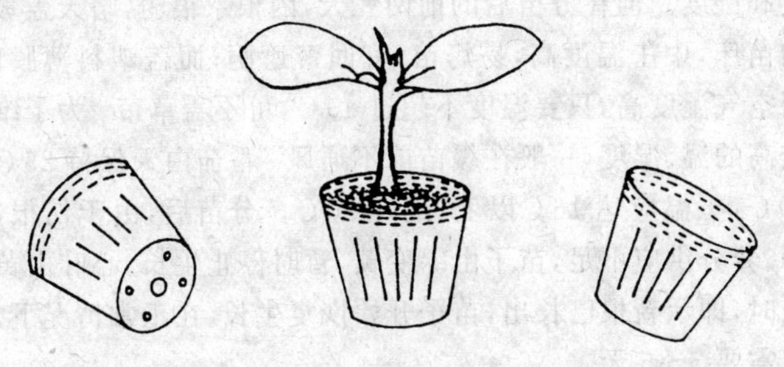

图 7　农用塑料培养钵

6. 分苗床管理

分苗时，切断了不少根系。为使初切断的根尽快重新发生，使苗子尽早恢复生长，除了苗子本身健壮程度外，与温度、湿度及空气条件，特别是温度的高低关系最为密切。因此，分苗时必须围绕如何提高床温来进行，特别是注意土温，因为土温对秧苗生育的影响比气温更显著。土温从低温升到30℃的范围内，每升高10℃，苗子多吸收肥料3倍。一般当苗床内气温升高时，土温也相应升高。但当床土湿度过大时，土温不易升高，或因床外地温很低，使床土的热量被传导损失，以致床温不能相应升高。在这种情况下，秧苗的茎叶生长较快，根部不能同时加强活动，以致苗的生长柔弱，趋向徒长。土温较高，而气温较低时，秧苗根系生长旺盛，茎、叶生长较快，成为茎粗短、叶厚而大的壮苗。由此可见，在育苗期间设法升高土温，同时控制气温不使过高，对培育壮苗有重要作用。生产上看到的秧苗萎根（回根或锈根）现象，主要是土温过低造成的。

刚分苗后，为促进发根和减少叶面蒸发，应保持较高的温度和湿度。但在分苗后的前两三天，因根系很弱，晴天盖玻璃的苗床，中午温度高，易烤苗，宜回帘遮荫；而盖塑料薄膜的，因空气湿度高，只要温度不超过40℃，可不盖草帘。为了维持较高的温、湿度，一般在缓苗前不通风。番茄白天保持25℃～30℃，土温应达16℃以上，最好20℃。分苗后，由于伤根，水分、养分供应不足，苗子由绿变黄，暂时停止生长。心叶由黄变绿时，即示新根已长出，苗子开始恢复生长。在正常情况下，缓苗需要5～6天。

苗子恢复生长后，既要让它长，又要防止徒长。所以，这一阶段苗床管理的重点，是解决“长”与“蹲”这一对矛盾，最后达到壮苗。主要措施有：

（1）继续加强通风锻炼　草帘尽量早揭晚盖，提早通风，延迟收风；中午天暖时，将玻璃窗全部打开；春分后，晚上只盖草帘。清明前后无霜时，也可以不盖草帘。在薄膜拱棚中分的苗，可先从两侧揭开小口通风，再逐渐加大，直至将其卷起。

（2）蹲苗　番茄缓苗后，若床土湿度够，就尽量不浇水；用铁丝钩锄中耕、松土，或顺着苗行培土，弥住土缝保墒。这样，不致因浇水降低床温，可使苗子根系发达。如果床土水分不足，可选晴天上午顺行浇 1 次淡粪水，水量要大，要将床土全部渗湿。尽量避免采用少浇、勤浇的方法，这样表土湿润，底层欠墒，根系不发达，入土浅。浇后盖好玻璃窗或薄膜，待床温升高后再放风。苗子生长加快后，特别是当封垄后，尽量用加土保墒的办法，不可随便灌水，以防徒长。但对长势弱的小架番茄，控水不要过严，以防早衰。浇后再用镰刀片顺行间纵横切割成方块，然后上粪土，弥缝保墒。这样，定植时土坨完整，有利于缓苗。

（3）囤苗　当苗子已经长大，但因下雨等原因不能定植时，可在定植前 4～7 天进行囤苗：趁墒将其带着长、宽各 7～9 厘米，高 8～10 厘米的土坨挖起，一个个紧挨，重新排在原来的苗床里，土坨间用潮土填满。晴天中午阳光强，叶子打蔫时，盖草帘遮荫。等土坨周围露出白根时，即可定植。

育苗期间，秧苗密集，生长速度又快，营养必须充分，特别是要多施磷肥。据计算，育苗期速效氮的最低浓度标准为 $50\times10^{-6}\sim60\times10^{-6}$，速效磷为 $30\times10^{-6}\sim40\times10^{-6}$，如将二者的浓度增至 100×10^{-6}以上，对发育更为有利。

苗期有徒长趋势时，可用 $200\times10^{-6}\sim250\times10^{-6}$的矮壮素（CCC）或 $1\,000\times10^{-6}\sim2\,000\times10^{-6}$的比久（B9，二甲基琥

珀酰肼酸)喷洒,7～10 天见效,1 个月后又可恢复正常生长速度。

(4)病虫害防治　定植前 1～2 天,喷 600 倍 65%代森锌或 700～800 倍退菌特,或 1∶1.5∶300 的波尔多液,可预防番茄晚疫病、早疫病和斑枯病。病毒病严重的地方,可在上述药剂中加入 2 000～2 500 倍 40%的乐果乳剂,同时也能防治蚜虫。

7. 幼苗形态诊断

子叶期生长正常,保持一定的昼夜温差时,子叶大而宽。高温、高湿环境中,幼苗徒长,苗很高,胚轴长 3 厘米以上,子叶小而细;反之,干燥低温中,胚轴短,子叶小。花芽分化期,第一片真叶与子叶间距离长,系夜间温度和湿度连续过高所致。第一、第二片真叶过小,茎秆上部增粗,有徒长现象的苗,第一花序分化迟,花数少。干燥、地温低或者分苗伤根者,生长受抑制,真叶小,叶色深,着花节位低,花数也较多,并常形成复式花序,花的素质好,但花的膨大往往不良。发育正常的苗,真叶叶肉厚,叶脉粗壮、隆起,叶端尖,有光泽。如果床土质量差,水分过多,空气湿度高,光照不足,密度大,则叶片平而薄,先端钝圆,叶脉细。有些幼苗顶端枯死,停止生长,出现封顶,主要是缺硼和夜温过低引起。尤其当夜温低于 5℃时,更易影响硼和钙的吸收,容易产生封顶。幼苗定植后,生长正常者株型呈长方形,节间长度适宜,直至第五节前,每节长度都慢慢增加,以后,节间长度中等。上、下部茎的粗细一致。叶片掌状,小叶片大,叶柄短。徒长苗的株型为倒三角形,茎由下向上变粗,节间长,小叶小,叶柄长而粗。老化苗株型呈正方形,茎由下向上变细,节间短,小叶小,色深绿。正常苗花器大小中等,花瓣黄色，开花时稍向上。同一花序中的花，开花期较一致。徒长苗的花瓣深黄色，花大，以后形成畸形果，同一花序中的花，开花期不整齐。老化苗的花瓣为淡黄色，同一花序中的花，开花期甚不一致。

（二）温床育苗

常用的温床有酿热温床和地热线温床两种。

1. 酿热温床

是利用有机物发酵分解时产生的热，提高苗床温度进行育苗的。酿热温床的结构与阳畦相似，不同处是床框较深，床底中部高，四周低，床内填入新鲜马粪、厩肥、纺织屑或麦秸等发热材料后再铺培养土（图8）。各地自然条件不同，酿热温床的形式各异，按床框的高低分为地上式、地下式和半地下式。地上式温床的床框和酿热物都在地面上，保温效果差，多在地下水位高，多雨，气候温暖的地方采用；地下式温床的酿热物在地面以下，保温效果较好，多在地下水位低，雨少，气候寒冷的地区采用；半地下式温床介于地上式与地下式温床之间。

2. 地热线温床

此种温床是将地热线（又叫电加温线）铺到培养土下，通电后将电能转换为热能，提高床土温度的温床。地热线是用低电阻的合金材料构成的，线的外面有绝缘层，不漏水、不漏电，线的两端有导线接头。通电后可以提高土壤温度，出苗快，根系发达，苗子整齐。目前，育苗中使用的地热线大部分是DV型，有250瓦（粉红色）、400瓦（棕色）、600瓦（蓝色）、800瓦（黄色）和1 000瓦（绿色）5种型号。地热线温床的地温，通常

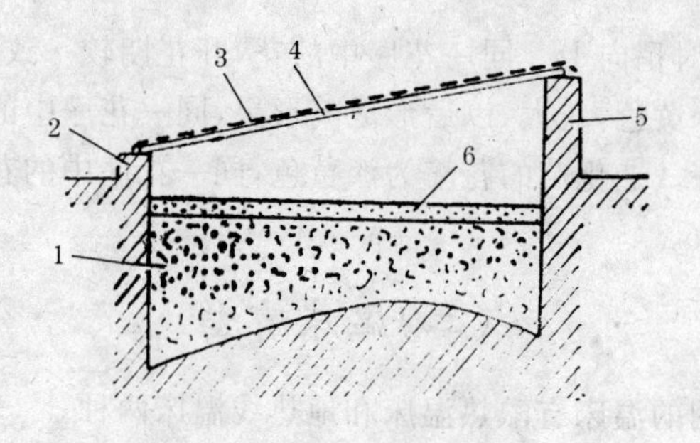

图 8　酿热温床剖面图

1. 酿热物　2. 南墙　3. 草帘

4. 玻璃窗　5. 北墙　6. 培养土

指 5 厘米深的土层温度。未通电时的床温叫基础地温，把需要达到的温度叫设定地温。电热温床内每平方米铺设电加温线的瓦数，叫电热温床功率。每平方米苗床内用 70 瓦时，土壤温度可以上升到 20℃左右，100 瓦时 23℃～24℃，120 瓦时 30℃～33℃。

电热温床一般宽 1.3～1.5 米，长度按需要而定。铺地热线前，先将床底铲平，再铺一层干草如稻草、麦秸等，厚 5～10 厘米，做隔热层，阻止热量向下传导。在草上铺细沙或炉渣灰，厚 1～2 厘米，然后布线(图 9)。因电加温线通电后，距其愈近处温度愈高，试验证明，苗床内种子紧挨地热线播种效果最好。控制地温为 22℃～25℃，番茄两天可出苗。做法是，铺好电加温线后，灌足底水，立即播撒种子，然后盖土，厚约 1 厘米。出苗前，用地膜覆盖床面，保温保水。出苗后再除去地膜。这种做法因覆土浅，加温线容易起取，省工、不伤线。即便是撒播的，起线时，也不太伤苗。点播者，加温线还可代替格线，使播种更加均匀。分苗用床，为使苗床温度高而平稳，可将线埋布于地面下 8 厘米处。这样，根系发育好，起苗时也不至于伤线。布线时，线与线间距离要均匀，把线要拉直，线与线间勿交叉、重叠，严禁将其绕成圈状在空气中通电，也不能将线截断或剪短用。如果苗床面积大，可多用几根线，一根铺完后再铺一根。单相电路中使用电加温线时，两根线不能串接，只能并联。三相电路中使用时，应采用Y型接法，禁用△型接法。布线时，只能在引出线上打结固定，绝不能在电加温线上打结。电加温线额定电流较大，如DV20810为4安培，DV21012为5安培。因而在市电(220V单相)上使用，应采用5安培以上的电度表，否则会损坏电表。从土中取出加热线时，先将床土清除，露出线后再取，或浇湿后再拉取。切勿硬拉，或用锨、镢、铲等硬器具挖取，以免切断加热线或损伤绝缘层。用过的电加温线，应擦干净，放阴凉干燥处保存，防止鼠虫咬破绝缘层。

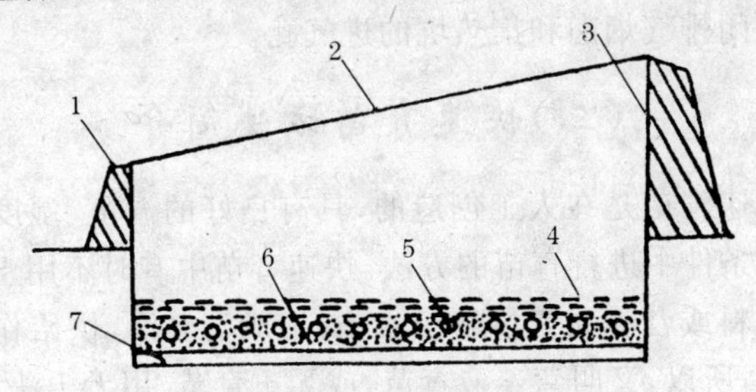

图9　地热线温床横剖面图

1. 南墙　2. 玻璃窗　3. 北墙　4. 培养土　5. 地热线　6. 散热层　7. 隔热层

3. 火炕式温床

适宜无电和少电地区应用，有火炕式阳畦和火炕式拱棚两种：在床底开2～4条火道，火道上平盖一层砖或大机瓦，并用草泥抹严，防止干裂串烟。然后，铺一层园土，厚约5厘米，最上面铺培养土。在床外靠近火道的一端砌炉膛，另一端砌烟囱。火道前低后高，使床温均匀，又便于通火排烟。

4. 太阳能温床

在阳畦旁，增设一个太阳能集热坑。通过地下输热道，将集热坑中的热输送到苗床中。其结构如图 10 所示。太阳能集热坑设在阳畦东侧或西侧约 2 米处。坑口圆形，上口直径 3 米，深 1.3 米，坑底锅底形，用掺烟黑（5％～10％）的三七灰土夯实，厚 6 厘米。上部用竹片或钢筋做成半球形穹架，铁丝扎成环形骨架，用无色透明塑料薄膜盖严。集热坑中的热，经地下输热道进入温床下的迂回道中，再由排气烟囱中排出。新的暖气又从集热坑中补充。雨雪天在温床上要加盖草帘保温，并且要关闭排气烟囱和集热坑的进气孔。

（三）快速育苗方法简介

快速育苗是在人工创造的，具有良好的温度、湿度、光照等环境条件中进行育苗的方法。快速育苗中有时不用土壤，而是将肥料或营养元素溶解于水中，配成营养液，供给作物，进行育苗，所以，又叫营养液育苗，或无土育苗。用无土法培育的苗子，即使用于土壤栽培，效果也好。快速育苗，改善了育苗条件，播种后出苗快，苗子整齐，根系发达，移植时伤根少，缓苗快，而且苗龄也短。

1. 无土育苗的设施

无土育苗主要分为催芽、绿化和育大苗 3 个基本阶段，主要设备除温室或大棚外，要有催芽室、育苗盘、放育苗盘的架子以及移栽苗子用的容器和必要的电器设备等。

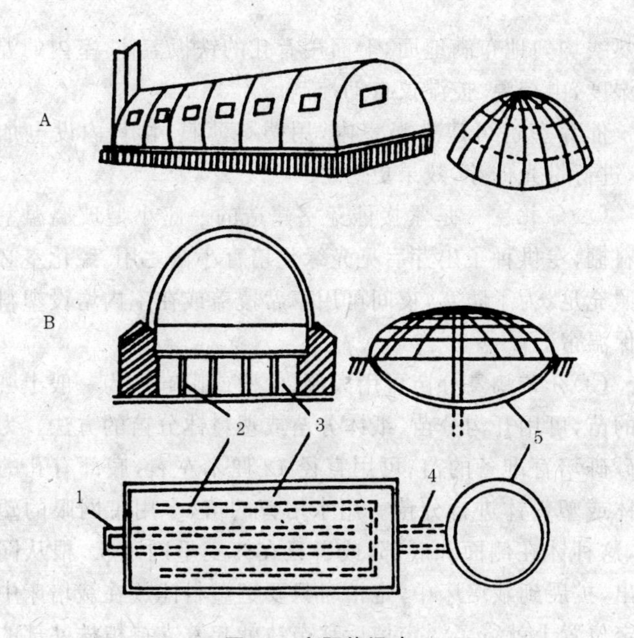

图 10　太阳能温床

A:立体图　B:平面图

1. 抽气烟囱　2. 迂回输热道　3. 阳畦　4. 输热道　5. 太阳能集热器

(1)催芽室　是专为种子催芽出苗用的密闭黑暗小屋，墙壁用砖和水泥砌成，最好中空，内填锯末、稻草等隔热材料。大小根据需要而定，一般长、宽、高各约 2 米，设两道拉门，门要密封，其保温性要达到 1∶8～15，即室内气温升至 30℃时，加温 1 分钟，可停电 8～15 分钟，再加温。催芽室内装育苗架，每架约 10 层，层间相距 15 厘米，最下层距地面 20～30 厘米。架上放育苗盘，育苗盘多用玻璃钢或硬质塑料制成，长、宽各 30～40 厘米，高 5 厘米。为防止漏水，在木制的育苗盘内要铺一层厚 0.1 毫米的黑色聚乙烯薄膜。加温多用地下增温式，即在距地面 5 厘米处安装两根 500 瓦的电热线，用磁珠固定，使电热线均匀地布满地面，上面用有孔的铁板盖住。室内的温度和湿度，由控温、控湿仪自动控制。

催芽室也可建在温室内，用塑料薄膜封闭，内设电加温线，进行带光催芽，效果更好。

(2)绿化室　是紧接催芽室建造的一座小型玻璃温室或塑料棚，专供种子出芽后见光绿化培育小苗之用。绿化室必须光照充足。为了防寒，夜间可用草席覆盖或在室内增设塑料薄膜保温帘。

(3)分苗棚　分苗可用大棚、中棚或阳畦。为一般土壤栽培的苗，可用开沟分苗、纸钵分苗或塑料钵分苗的方法。为无土砂砾培育准备的苗，可用直径 12 厘米左右，底部有孔的素烧钵或塑料钵进行分苗。用水培育的苗，多用带网眼的塑料钵，这种钵在侧面和底部，或者只在钵底呈网眼状，根从网眼伸出，扩展到栽培床中，定植时只要把塑料钵放在栽培床中的一定位置上就行了。定植后移苗钵就起着支持植株基部的作用。

2. 基　质

(1)选用基质的原则　无土育苗一般用固体基质。基质的主要作用在于固定根系，稳定植株并吸附营养，增强透气性，为根系生长创造良好条件。选用的原则是要适用和经济。优良基质的容重以 0.5～0.7，总孔隙度 60％以下，大孔隙(空气容积)与小孔隙(毛管容积)的比例为 0.5 左右，引水力、持水力较大，化学性质稳定，酸碱度接近中性，无有毒物质存在，经过消毒不带病虫害；资源丰富，能就地取材，价格便宜。

(2)常用基质

①煤渣　又叫炉渣，系煤充分燃烧后的残渣粉碎，用筛孔

约3毫米的筛子筛一遍，再用筛孔2毫米左右的筛子筛一遍，选取中间直径2～3毫米大小的炉渣，用水冲洗后使用。若用隔年陈炉渣时，可用0.05%～0.1%高锰酸钾溶液消毒后再用。煤渣资源丰富、成本低，新鲜者刚经燃烧，病虫害少，并含有全氮、速效磷、钾及钙、硼、锌、铜等元素。容重适当，浇水时不倒苗。煤渣颗粒上的小孔贮水，颗粒间通气，气水比适当，根系发育好，幼苗健壮。用其做基质进行无土栽培，直至收获，植株生长都健壮。缺点是必须粉碎过筛。

②稻壳　是稻米加工时的副产品，育苗时常将其炭化，即把它燃烧或用锅炒制至全部炭化，但还基本保持原形的程度，所以又叫熏炭、炭化稻壳或炭化砻糠。炭壳的优点是经过燃烧，杂菌少，并含有氮、磷、钾、锰、锌、硼等元素，容重小，容易搬运，且呈多孔船形结构，通气性好，植株生长健壮，缺点是空气容积过大，易失水干燥。炭化稻壳中碳酸钾含量多，会使pH值升至9以上，使用前要用水洗。制备炭壳，炒制困难时可腐熟后使用。直接将稻壳和园田土配制的床土培育番茄苗，比用园田土培育的全株干重增加73%。稻壳取材方便，质轻，是一种有发展前途的培养基质。

③岩棉　是用60%辉绿石、20%石灰石和20%焦炭混合，在1500℃～2000℃高温炉中熔化后喷成直径0.005毫米的棉状细丝，再压成容重为80～100千克/立方米的岩棉片或岩棉块，再加入酚醛树脂，减少表面张力，使之能够吸收和保持水分。因其在制造过程中经过高温，所以，不含杂菌和其他有机物，压制成型后在使用过程中不会变形。现在岩棉已广泛用于蔬菜、花卉、林木的育苗和栽培。岩棉外观呈白色或浅绿色的丝状体，孔隙度大，吸水力强，吸水后随厚度不同，含水量从下向上递减，空气含量则自下向上递增。岩棉中含有少量碱

金属或碱土金属，如氧化钾、氧化镁、氧化钠等，pH 值常达 7～8，灌水时加入少量酸，1～2 天后 pH 值即可下降。岩棉在中性或弱酸、弱碱中稳定，强酸、强碱中纤维溶解，但对人无害。

④蛭石　为云母类次生硅质片层状矿物，属铝、镁、铁、硅的复合物。片层间含水量少，经 1 000℃加热后片层间的水分汽化，将其爆裂，形成小的多孔的海绵状的核，体积增大 16 倍，容重减至 0.09～0.16 克/立方厘米，质轻，孔隙度增加到 95%。透气性、保水性均好。呈中性至微碱性，每立方米吸水量可达 100～650 千克。蛭石无病虫害，但容易破碎，不耐压，一般可用 1～2 次。

⑤珍珠岩　是灰色火山岩(铝硅酸盐)加热至 1 000℃时，岩粒膨胀而形成的轻质团聚体。容重小，孔隙度大，较易破碎，粉尘多。因其质轻与根系接触不良，宜与其他基质混合使用。

⑥泥炭　由半分解的水生、沼泽湿地生或沼泽生植被组成，持水力强，pH 值为 3.8～4.5，质地细腻，透气性差，常与煤渣、蛭石等混合使用，制成泥炭块或直接放入育苗盆中育苗。

⑦复合基质　由两种以上的基质混合配制成的基质叫复合基质。我国各地使用的复合基质很多。山西省常用的配方是腐熟马粪 4 份，园田土 5 份，河沙 1 份，每 100 千克混合物中加过磷酸钙 3 千克，硫酸钾 2 千克；常州、无锡等地多用草木灰加黄沙或锯末加炉渣；北京市用的是炭化稻壳、草炭、园田土和有机质混合而成。师惠芬等人研究认为，炭壳、园田土和有机肥各 1/3 配合的基质效果最好。华南农业大学土化系研制的蔗渣矿物复合基质是用 50%～70%的甘蔗渣，30%～50%的沙、石砾或煤渣混合而成，用之育苗或全期栽培，效果

均好。

配制复合基质时，所用基质以2～3种为宜，制成的复合基质应达到容重0.7，总空隙度略大于55%较好。在混制过程中，可预先混入一定量的肥料。氮磷钾三元复合肥（含N 15%，P_2O_5 15%，K_2O 15%）按0.25%的比例对水混入；或者按硫酸钾0.5克/升，硝酸铵0.25克/升，过磷酸钙1.5克/升，硫酸镁0.25克/升加入，也可按其他营养液配方加入。

（3）基质的消毒及酸碱度的调节　无土育苗的基质，例如炭化稻壳、炉渣等，已经高温处理，一般不需消毒。如果已被污染，可用0.1%～0.5%高锰酸钾喷洒消毒后，用清水冲净；或用0.5%甲醛喷洒，拌匀，堆置，上覆塑料薄膜，闷5～7天，揭开，散尽药味后使用；也可每立方米基质加入65%代森锌60克或50%多菌灵50克，拌匀，封严，闷2～3天，揭开，散尽药味后使用。

基质使用前，还要取样检验pH值，偏碱时加硫酸，偏酸时加氢氧化钠或氢氧化钾。

3. 营养液

（1）配制营养液常用的盐类　蔬菜秧苗生长发育需要的营养元素约有16种，其中大量的元素有碳、氢、氧、氮、磷、钾、钙、镁、硫、氯。碳、氢、氧是从植物周围的空气和水中获得的；氯一般从水中获得。微量元素有铁、锰、硼、锌、铜、钼。配制营养液时不考虑碳、氢、氧、氯4种元素，只配制含有其他12种元素的营养液。配制时配方要简单，容易配制，使用安全，主要营养元素要全，并尽量使用目前工业能提供的有生产价值的盐类配制，以便降低成本。目前常用的化合物中氮肥有：硝酸钙、硝酸钾、磷酸二氢铵、硝酸铵、尿素、氮磷钾三元复合肥；磷肥有：磷酸二氢铵、磷酸二氢钾、磷酸二氢钠、过磷酸钙、氮磷钾三元复合肥；钾肥有：磷酸二氢钾、硫酸钾、氯化钾、氮磷钾三元复合肥；钙肥有：硝酸钙、硫酸钙、过磷酸钙、石膏；镁肥有：硫酸镁、硫酸钾镁；硫肥有：硫酸镁、硫酸钾；铁肥有：螯合铁、硫酸亚铁；硼肥有：硼酸、硼砂；钼肥有：钼酸铵、钼酸钠；锌肥有：硫酸锌；铜肥有：硫酸铜；锰肥有：硫酸锰、螯合态锰。

应特别注意的是，目前应用的营养液中有的含有氯化铁、硫酸亚铁等无机铁源，这些铁源在 pH 值升高时很易变成 $FePO_4$ 或 $Fe(OH)_3$ 沉淀而失效，即使在中性液中也会被氧化成碱式盐而沉淀。喷洒到苗叶上产生白色沉淀，还会妨碍光合作用。改用有机酸，如柠檬酸铁、酒石酸铁等，效果比无机铁好，但本身不稳定。研究表明，用能形成螯合环的有机化合物（氨基多元羧酸类）与铁作用形成螯合铁，代替无机铁做铁源，用于无土栽培的营养液效果很好。目前无土栽培中最常用的是 EDTA（乙二胺四乙酸），价格较低。现已用其制成乙二胺四乙一钠铁和二钠铁的成品出售（NaFe-EDTA，Na_2Fe-EDTA）。螯合铁的用量一般按铁元素重量计，每升营养液用 3～5 毫升即可。

（2）*营养液常用配方*　育苗用营养液的配方很多，常用的有下列几种。配方中的数字是 1 000 升水中加入化合物的克数。①尿素 450，磷酸二氢钾 500，硫酸镁 500，硫酸钙 700，硼酸 3，硫酸锰 2，钼酸钠 3，硫酸铜 0.05，硫酸锌 0.22，螯合铁 40；②硝酸钙 950，硝酸钾 810，硫酸镁 500，磷酸二氢铵 155；③复合肥（$N_{15}P_{15}K_{12}$）1 000，硫酸钾 200，硫酸镁 500，过磷酸钙 800；④硝酸钾 411，硝酸钙 959，硫酸铵 137，硫酸镁 548，磷酸二氢钾 137，氯化钾 27；⑤硝酸钙 950，磷酸二氢钾 360，硫酸镁 500；⑥硫酸镁 500，硝酸铵 320，硝酸钾 810，过磷酸钙1 160。此外，配方②～⑥均加配方①中的6种微量元素。

(3)营养液的浓度　营养液的浓度指溶于水中每种盐类各自的浓度，要分别计算。配制1 000升营养液浓度为1×10^{-6}所需化合物的克数如表2所示。

表2　1000升营养液浓度为1×10^{-6}所需化合物的克数

名称(N-P-K,%)	供应的主要元素	所需克数
硫酸铵(21-0-0)	N	4.76
硝酸钙(15.5-0-0)	Ca	4.7
硝酸钾(13.75-0-36.9)	N	7.3
	K	2.7
硝酸钠(15.5-0-0)	N	6.45
尿素(46-0-0)	N	2.17(工业品)
磷酸二氢钾(0-22.5-28)	K	3.53
	P	4.45
硫酸钾(0-0-43.3)	K	2.5
硫酸钙(石膏)	Ca	4.8
硼　酸	B	5.64
硫酸铜	Cu	3.91
硫酸亚铁	Fe	5.54
螯合铁(9%)	Fe	11.11
硫酸镁	Mg	10.75
钼酸钠	Mo	2.56
硫酸锌	Zn	4.42
硫酸锰	Mn	4.05

4. 营养液循环装置

无土育苗多将供液和供水结合进行，一般采用回收循环式供液。主要设备有进液管、贮液池、泵与电动机等。电动机带动水泵，使营养液按一定方向和速度不断地循环。我国多数地区利用人工进行营养液循环使用，即在育苗床较低处设贮液池或桶，营养液灌满后，人工提出重新利用。

机械化大面积育苗时，多采用双臂流动式喷水管道，悬挂于温室顶架上，来回移动，喷水、喷液。另一种方式是从床底将水或营养液蓄在苗床中。床宽 1.2 米，每隔 10 米长划分为 1 个床框，床底铺黑色聚乙烯薄膜做衬垫，使床内经常保持 2 厘米左右深的营养液。冬季育苗需加温时，先铺稻草或聚乙烯泡沫板或隔热层，上盖 1 层沙，厚 2 厘米。在沙层上安装电热线，每平方米 70～80 瓦，然后在其上设育苗床（图 11）。也可在育苗床面铺上一条厚 2 毫米亲水带状的无纺布，将岩棉育苗块的一端 1 厘米左右放置在无纺布上，用软滴管给无纺布供液，再通过毛细管作用，使育苗块吸液；或者将床做成许多深 2 毫米的小格，把育苗块排放在小格内，从底面供液，多余的液体从一定间格设置的小孔中排出（图 12，图 13）。

5. 无土育苗的技术要点

播种前将秧盘洗净、消毒，把培养基装入盘中，摇实，刮平，厚 4～5 厘米，使基质表面离盘边约 1.5 厘米，不要装得太满。灌足水后将种子播入，每平方米播种量为 6～8 克。播后上覆湿润基质，再喷水，至手握有水溢出的程度时，移入催芽室。出苗后，当有 50%～60%幼苗脱去种皮，呈倒钩状顶土时移入绿化室进行绿化。绿化开始后的前 1～2 天午间，天晴阳

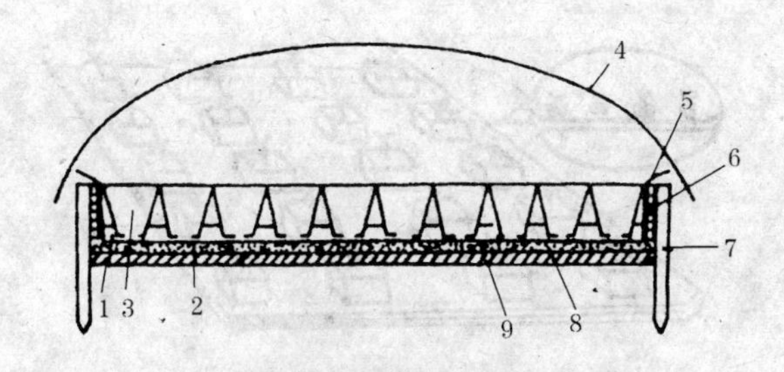

图 11　育苗床的结构

1. 营养液　2. 电热丝　3. 钵　4. 薄膜　5. 黑色塑料薄膜
6. 板框　7. 桩　8. 沙(2 厘米)　9. 隔热层(稻草或泡沫塑料)

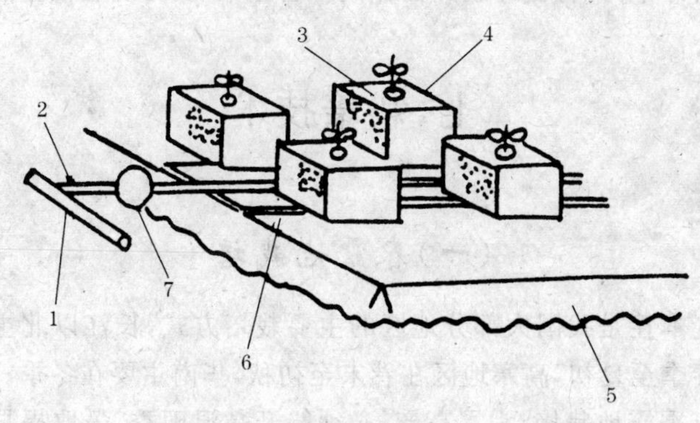

图 12　岩棉块育苗供液系统

1. 供液总管　2. 滴液管　3. 播种小块
4. 育苗块　5. 育苗床　6. 亲水无纺布　7. 电磁阀

光强时用薄苇帘遮荫,防止秧苗突然见光发生萎蔫。为保持温、湿度,除温室加温外,育苗盘上可搭支架,上盖塑料薄膜保护,上午 9 时左右揭开,下午 4 时左右再盖上。子叶展开后开始将营养液喷到幼苗及培养基上或浇灌到培养基上,供液过晚,幼苗易发黄。施营养液时,前 5 天浓度要低,之后再增至全量。施量要少,次数宜勤,做到基质湿润不积水,表面不干燥即可。用炭壳或砂砾培育时,当子叶充分展开,真叶露心时移植

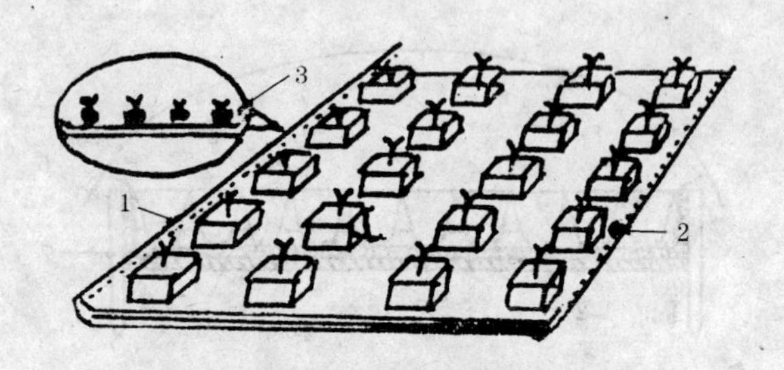

图 13　育苗床与育苗块供液系统

1. 育苗床　2. 供液孔　3. 供液孔剖面

于苗钵中，再将苗钵放到营养液育苗床中，及时浇灌营养液。

七、栽培技术

（一）春露地栽培

本茬是我国大部分地区的主要栽培方式，长江以北主要在春季至夏初，高寒地区在春末至初秋，华南主要在冬季。北方春季露地栽培，为了高产，必须躲开高温雨季，争取提早成熟，因此，一般都行育苗。有的采取薄膜小拱棚短期覆盖或地膜覆盖等措施。南方部分地区采取番茄与冬瓜、甘蔗、水稻、番薯等套种。

1. 品种选择

多选用耐热、抗病力强、丰产潜力大、结果连续性好、品种优良的中晚熟品种，如千禧小番茄、吉娜、小黄果、北京樱桃番茄、樱桃红、微星、圣女、丘比特、超甜樱桃番茄、京丹 1 号、红太阳、维纳斯、北极星、金珠、美味樱桃番茄、一串红、丽人、沪樱 932、丽彩 1 号及樱红 1 号等高架番茄，也可用高封顶的亚蔬 6 号、碧娇、金旺-369、金玉 101、串珠樱桃番茄、龙女、京丹 2 号等。

2. 培育壮苗

一般在元月上旬播种，4 月上旬定植。壮苗的外观是植株矮壮，茎秆粗硬，节间短，叶片肥厚，茎和心叶上有茸毛，定植后适应性强，缓苗快。

3. 整地与定植

番茄适于土层深厚，排水良好，保水保肥力强的肥沃壤土。忌连作，重病区同科蔬菜宜隔 3 年以上。前茬以葱蒜类最好，其次是秋季的叶菜类。也有在越冬菜收获后栽种番茄的。用回茬地栽番茄必须实行四早：早采收腾地（越冬菜提早在 3 月底 4 月初采收）；早深耕整地；早施足底肥；早定植。这样才能减轻病害。土壤的 pH 值 6.8～7.5 为宜。为防治土壤中的病害，在整地前按一定距离打洞，每 667 平方米灌入 10 千克氯化苦（三氯硝基甲烷）药液，覆盖塑料薄膜 7 天。氯化苦为黄色液体，在空气中逐渐挥发，气体比空气重 4.67 倍，不爆炸，不易燃烧，化学性质稳定，吸附性很强，特别在潮湿物体上可保持很久，具有杀虫、杀菌、杀线虫和杀鼠作用，是熏蒸剂中用量最大，最普遍的品种。用后可防立枯病、凋萎病、黄萎病和根结线虫，但对人、畜高毒，具催泪作用，必须注意操作安全。也可用 50%多菌灵（又叫苯并咪唑 44 号、棉萎灵）或 50%乙基托布津（又叫硫菌灵、土布散、统扑净）或 70%敌克粉（又叫敌磺钠、敌可松、地克松、地爽）1 000 倍液喷洒土壤。枯萎病严重处，可沿垄开沟，浇入 100～200 倍福尔马林液，用塑料薄膜覆盖 5 天，然后整地。

番茄生长旺盛，根系强大，根深可达 1.5 米以上，而主要根群却分布在 0.5 米以上的土层中。为提高根群的生长与活力，必须深耕，特别是对分枝性弱的品种，根的横展性小而入土深，深耕更为重要。

深耕每 2～3 年进行 1 次。深耕时不要把生土翻到表层。

番茄一般用平畦，畦宽 1.3～1.5 米，长 7 米。地膜覆盖栽培可以做成小高畦，畦高 10～20 厘米，呈馒头形。春季为提高地温最好先开沟晒土。

番茄需肥量大，要得到高产，各种肥料之间要合理配合。据研究，番茄整个植株内氮、磷、钾的成分比例为 2.5∶1∶5。而植株对氮和钾的吸收率为 40%～50%，对磷的吸收率为 20%。因此，施肥时三要素的配合比例应为 1∶2∶2。一般每 667 平方米施腐熟有机肥 2 000 千克，加施骨粉 60～100 千克，过磷酸钙 80 千克，氯化钾 20 千克，深耕后筑畦。

番茄对磷吸收的数量虽比氧化钾和氮少，但它对番茄，特别是对果实及种子非常重要。吸收的磷在果实中要占 94%，而茎叶只占 6%。磷不仅可以增加产量，同时可以促进成熟。

氮能促进茎叶及果实的生长，尤其在生长初期，更为重要。钾可以增加糖及维生素 C 的含量，对果实的形状及色泽也有良好影响。增施氮、磷、钾可大大增加茎叶的生长量，提早花芽分化。

番茄生长期长，产量高，应以迟效性基肥为主，并在其中配合部分速效性的人粪尿、硫酸铵、尿素等。基肥充足，发苗早，前期生长快，营养生长与生殖生长均好，这是早熟丰产的关键。

定植时要抓住时间、方法和密度 3 个方面。番茄是茄果类蔬菜中较耐低温的作物，当地温 10℃、气温 15℃以上，晚霜期过后，就可定植。适时早栽，能早发根，早结果，而且可减轻病毒病。但若过分早栽，除有冷冻害之虑外，还因对磷的吸收能力弱，产生花青素，使植株变紫，而延迟发育。栽后可用薄膜拱棚覆盖 10～15 天。

春季定植时，要以提高地温为主，分别选用挖窝点水，坐水稳苗，或干栽放大水等方法定植。

合理密植是早熟高产的重要环节。早熟品种，株型小，一般行距为 50～60 厘米，株距为 30～38 厘米，每 667 平方米栽 4 000～6 200 株；晚熟品种如用单秆整枝，每 667 平方米栽 3 500 株，双秆整枝 1 800～2 000 株。栽苗的深度以不埋过子叶为准。适当深栽，可促进不定根的生长。如遇徒长苗，苗子较高，可采取卧栽法，将苗朝一个方向斜卧地下，埋入 2～3 片真叶(图 14)。

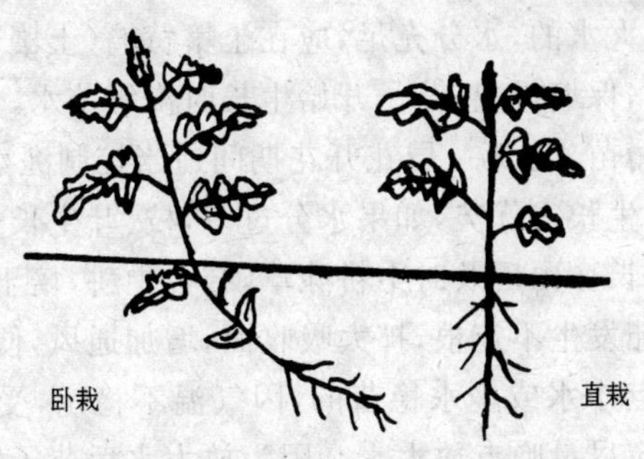

图 14　番茄卧栽与直栽

低温期一般采用暗水栽苗的方法，先开沟浇水或定植穴内先浇水，渗入 2/3 时放入秧苗，再覆土。暗水定植，水量以达到使苗坨与坑土之间充分沾合即可。这种方法能够防止土壤板结，提高地温，促进生根，早缓苗。水量过大，会降低地温。

4. 田间管理

番茄定植以后，管理的中心任务是：促进早缓苗、早结果、多结果和结大果。一方面要创造良好的条件满足生长发育的要求，另一方面又要调节营养生长与生殖生长之间的关系。原则是：第一层花坐果以前，营养生长占优势时，使枝、叶生长健壮而不徒长，为及时转入生殖生长创造条件；第一层果实坐住，生殖生长加强以后，使枝叶与果实均衡生长。

(1)灌水　定植以后，何时灌头遍水(缓苗水)是较重要的问题。头水灌得早，苗子还没有开始生长，灌水后苗子长得不“欢”。如果水量大，再遇上阴雨天气，不能早锄，枝叶容易徒长，坐果差；同时因为秧子发嫩，阳光强时容易卷叶。所以，灌头遍水要掌握天气，使灌水后晒 2～3 天。头水灌得晚，蹲苗期太长，会影响发根，易发生条斑病毒病。

栽后放大水的，水分充足，应在土壤黄墒(土壤表面黄色)时及时中耕，保墒提温。苗子开始生长时浇缓苗水，然后中耕、围粪，进行蹲苗。在第一层花开花期间适当控制灌水。因这时植株的营养生长占优势，如果水分过多，枝、叶生长过旺，会妨碍果实的生长。雨后及时中耕除草，结合中耕，培土 6～15 厘米，促使番茄发生不定根，扩大吸收面，增加通风，便于排水。

早栽，点小水或坐水稳苗的，因气温不稳定，受霜害的危险性较大，应尽量晚点放大水。因为放大水后苗子嫩，遇霜会受冻。如果缺水，可采取点水或沟灌渗水的办法，补充水分的不足。等天气正常后再放大水，然后中耕、围粪，进行蹲苗。

当第一层果实坐住后，第二层果实如扣子大，第三层正在开花时，果实、茎和叶同时旺盛生长，需要的水分、养分增加，温度也升高，应增加灌水并追肥，促进果实及茎叶的生长。以后灌水要均匀，不要时而大水漫灌，时而过度干旱，否则果实易得脐腐病和裂果。气温高时应在早晚天凉地凉时灌水。下霈雨后应及时灌井水，使地温降低，防止地面热蒸汽引起烂果。雨季注意排水，防止沤根。

(2)追肥　在施用充足基肥的基础上，适时适量地施用速效性的肥料做追肥，才能不断满足果实与茎叶生长的需要。番茄在果实迅速膨大时对肥水要求很高，同时这时植株生长也快，每天大约能增高 3 厘米。对番茄茎叶中氮、磷、钾含量的分析，氮的含量自 5 月上旬迅速增加，至 5 月下旬达最高点；磷的含量自 5 月下旬后迅速增加，至 6 月上旬达最高点；钾的含量自 5 月下旬迅速增加，直至 7 月中旬仍逐渐增加。根据番茄需肥规律，在定植缓苗后可施尿素 5～8 千克或灌稀粪做促苗肥；第一层果坐住后，结合蹲苗结束后的灌水，再施尿素 10～15 千克，磷酸二铵 10～20 千克，或灌稀粪加过磷酸钙 25 千克，催秧攻果。小架番茄只准备采收 2～3 层果实时，施这 2 次追肥就可以了。大架栽培可根据果实和秧子生长情况，增加追肥次数。第一层果采收前后，第二层果快要变白，第三层果发青时进入盛果期，需肥量大，应施速效性氮肥和钾肥。每 667 平方米施尿素 15 千克，磷酸二铵 15～20 千克，硫酸钾20～25 千克。这时气温已升高，不要用未腐熟的人粪尿做追肥，以免地温增高，引起病害。当采收第二、第三层果实时，为防止果实大量消耗营养物质而造成秧子早衰，以及后期出现有棱、果肉薄、发育不充实的果实，增强植株抗病力，可再施 1 次速效性氮肥和钾肥。

生长类型不同的番茄，施肥上的差异主要表现在施肥迟早及用量：有限生长型的早熟品种，基肥要足，追肥要早施、勤施，使结果前有较大的叶面积；无限生长型的品种，结果前期不宜追肥过多，避免徒长，等到第一、第二花序结果后，再重施追肥。

为了加强植株对肥料的吸收，特别是结果初期的低温及后期高温时，根系吸收能力不足，采用根外追肥的办法，补充营养效果更好。根外追肥还能提高果实中维生素及可溶性固形物的含量。如用2%草木灰与5%过磷酸钙混合液喷洒的植株，果实中可溶性固形物含量可达5.4%，比用同样浓度溶液施于土壤的，高出1.9%。番茄根外追肥常用的浓度是过磷酸钙3%～5%，氯化钾0.3%～1%，草木灰2%，尿素0.2%～0.3%，磷酸二氢钾0.1%～0.3%，硫酸锌0.0088%，硼酸0.0082%。根外追肥应在午后温度较低，蒸发量较小的时候喷施，防止溶液很快干燥，以利于叶面吸收；避免在雨前或刮风时喷施，以免溶液被冲洗或很快干燥而降低肥效。

（3）插架、绑蔓和整枝　番茄高约30厘米时，先灌1次透水后趁湿及时插架。高架番茄以"人"字形或四角形架为主，矮性种以直立形架居多。每隔30厘米绑1次，引蔓上架（图15）。绑蔓时，绑在花序之下，并将花序朝向通道方向，以便将来用生长素处理花朵和摘收。花序不要夹在茎与架杆之间。绑蔓时不要过紧，为茎加粗生长留有余地，最好呈"8"字形套绑（图16）。如植株徒长，可稍紧些，顶部最后一道也应绑紧。绑蔓常用塑料绳、马蔺、玉米苞皮、碎布条等。

因番茄有多次分枝的习性，几乎每个叶腋都能长出侧枝。侧枝虽亦能结果，但若任其生长势必分散养分，影响主蔓结果；而且枝叶过密，通风透光不良，更易受病虫危害。所以，整枝早，已成为调节番茄器官的平衡，改善田间风光条件，提高产量的重要措施。

无限生长型的番茄，长势强，一般每隔3叶结1层果，主

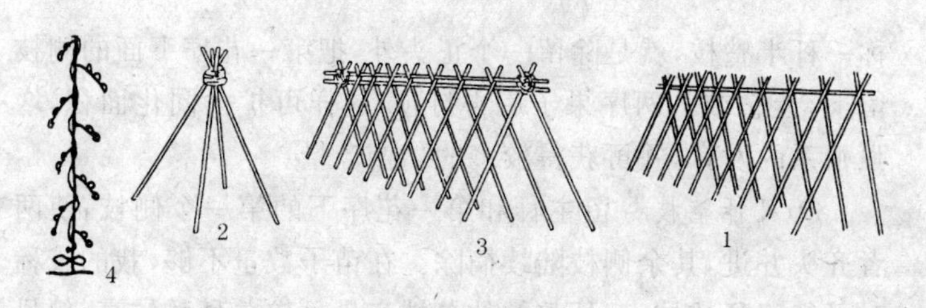

图 15 番茄的架式

1."人"字形架 2. 四角形架 3. 大"人"字形架 4. 吊绳架

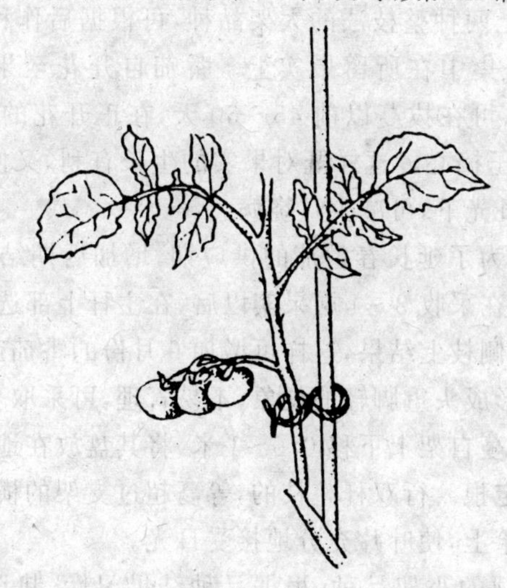

图 16 "8"字形绑蔓

轴能不断延长。这类品种常用的整枝法有两种：

①单秆整枝 只留一个正头(主秆),把所有的侧枝陆续摘掉。优点是可以密植,由于单位面积上栽的株数多,第一层果也多,早期产量增加,在早熟栽培时多采用。但由于单秆整枝摘掉的枝叶多,所以,根系发育较差,同时叶量小的品种,果实容易得日烧病。为了弥补这些缺点,可采用改良单秆整枝或

称一秆半整枝，就是除留一个正头外，把第一花序下面的侧枝留下，让它结一两序果子后再打顶，这样可扩大同化面积，增强根系的发育，并可获得较多的早期产量。

②双秆整枝　留主秆和第一花序下的第一个侧枝，使两者齐头并进，其余侧枝陆续摘除。在苗子数量不够，栽的较稀时可行双秆整枝。双秆整枝的单株产量虽较单秆整枝高，但早期产量低。

用以上两种整枝法的大架品种，可根据后作种类进行摘心，使养分集中在所留果实上。番茄自开花至果实成熟需45～50天，可在拔蔓以前45～50天，在正开花的花序上，留2～3片叶子摘心。这样既对果实的生长有利，又使果实不直接暴露在日光下，可减少日烧病。

另外，为了延长春番茄的供应期，增加后期结果量，行单秆整枝的，在采收3～4层果实以后，在主秆上部选留3～4个侧枝，使在侧枝上结果，这样可增加9月份的番茄产量。这种整枝法易形成头重脚轻的现象，不易管理，可采取坐蔓的办法解决，即把蔓自架上下移0.6～1米，将其盘放在地面上，自茎上发生不定根。行双秆整枝的，等蔓超过支架的横竿后，再将其绑在横竿上，使叶片充分地接受日光。

自封顶的小架品种，根据品种结果习性，栽培时期的长短，栽植的密度，除保留主蔓上的花序外，可在主蔓的第一花序下留2～3个侧枝，每个侧枝各留2～3个花序摘心。

整枝需注意的问题：①由于地上部与地下部的生长有相关性，所以，在第一次打杈时如过早摘除侧芽，植株上保留的枝叶少，会抑制根系的发育。为避免这种现象，可用带叶整枝法：在第一次整枝时，把第一花序下的2～3个侧枝留2片叶摘心，以后整枝时再把保留的侧枝去掉。如果嫌费工，头次整枝应在侧枝长到 6 厘米长以后再掰掉。②有病毒病时，整枝时先不接触病株，以免传染。③尽量避免在下雨以前，下雨时，早晨露水未干，或雨后叶面潮湿时整枝，以免传病。④打杈用掰杈法，即用手指捏住侧枝顶端，骤然往旁侧掰下，伤口整齐，便于愈合。⑤掰下的侧枝应带出田外。⑥当番茄生长到一定程度后，下部的老叶同化功能大大降低，这时如果田间过于郁闭、通风不良可适当摘除，特别是将架内侧和北侧的叶适当多摘些，以改善植株生长的环境。

(4)防止落花　春番茄定植后，第一至第二花序上的花和 7 月间第四至第五花序上的花，常发生落花落蕾现象，严重影响产量。落花的原因很多，概括起来有：

①花器构造有缺陷　如短花柱的花，由于花柱过短，不能进行正常的自花授粉，子房中生长素含量低，易形成离层。

②不良气候条件的影响　温度过高或过低，特别是夜温高于 22℃或低于 13℃～15℃时会引起落花。因为花粉发芽和花粉管伸长的最低温度是 13℃～15℃，最适温度为 20℃～30℃，高温界限为 35℃，温度过低时花粉不能充分成熟，花粉花芽不良，花粉管伸长的速度慢，不能正常授粉而落花。夜温过高，呼吸作用强，花粉中的淀粉含量减少，花粉管的伸长不良，甚至雌雄蕊都可能变成不稔性，因而落花。其次，当空气相对湿度低于 45%会引起柱头和花粉的干枯，花粉不能发芽，授粉不能进行。空气湿度超过 75%，花粉吸水过多而膨大，不能从花药中散出来，或雨水过多时将柱头冲洗，不适于花粉的发芽，都会减少受精率。土壤太干或太湿，使根的吸收功能受阻碍，也引起离层的形成。

光照不足时，植物体营养不良，也会因雌蕊萎缩，花粉的发芽率降低，而引起落花。

③栽培技术不当　定植迟，伤根太多。施用过多的氮肥，灌水多，秧子徒长，花部因营养不足而形成离层。

针对番茄落花的原因，除了从栽培技术上如改善小气候，加强肥水，改善光照，调节营养生长与生殖生长关系外，可利用振动授粉，用手持振动器或人工，在晴天上午对已开放的花朵进行振动，使花粉散出，落在柱头上授粉。目前，应用最普遍的是利用生长调节剂进行化学处理。在番茄上用的生长调节剂有2，4-D（2，4-二氯苯氧乙酸）、2，4，5-T（2，4，5-三氯苯氧乙酸）和番茄灵（PCPA，对氯苯氧乙酸）及沈农番茄丰产剂2号等，其中应用较多的是2，4-D和番茄灵。用2，4-D处理的花，因不形成离层，不仅不会落花落果，而且还可加强植株的新陈代谢，使营养物质向被处理花朵的子房中运送，加速子房的发育，提早成熟增加产量；同时经处理后所结的果实，没有种子，干物质、糖分和维生素C的含量增加，酸味减少，品质提高。

常用的浓度为$10\times10^{-6}\sim25\times10^{-6}$，市售的多为5％ 2，4-D钠盐，2毫升瓶装，每瓶加水6.5升即成15×10^{-6}的浓度。过小不起作用。过大会因2，4-D积累在新生叶片中，使之不能正常展开，变得细长翘起，皱缩硬化，叶缘扭曲畸形；细看叶肉颜色较深，叶脉颜色较浅，随着生长而略有舒展。果实常形成尖顶，即果实脐部乳突状。有时出现裂果，形成“花脸”。适宜的浓度与使用时的温度、光照条件有关。夏季比早春用的浓度要低。配制药液时，最好用有盖的玻璃器皿，不要用金属容器。当天使用后剩下的药液，放在阴凉处密闭保存。

2，4-D处理的效果与花的大小有关，以点当天开放的“喇叭花”最适当。过早，花蕾小，易形成僵果；过晚，离层已形成，不起作用。因番茄同一花序上的花开放时期有先后，所以最好陆续点花。处理过第一层花序以后，只要温度升高不会落花就可以不处理了。但处理第一层花后，如果水肥不足，则上面几层果实长得很慢，故最好1、2、3层连续处理。但水、肥必须跟上，因为生长刺激素本身不是营养物质，用生长激素处理后更加强了营养物质从植物的其他部分向该处的输送，因而影响到营养生长。所以，水肥不足时，会因营养生长受到抑制而影响以后的结果。

处理的方法有喷、浸和点3种：用小喷雾器喷花序，快、省工，但药液喷到嫩的茎叶上容易发生药害，嫩叶加厚，叶形狭窄纤细，中肋向下弯曲。把花浸在药液中，用药量大，畸形果较多。点花梗或花托的，早熟效果好，畸形果也少。如果发生药害，不用拔除，立即灌水，并向植株喷洒云大120、迦姆丰收、爱多收等叶面肥，有一定效果。

为避免重复处理引起“花脸”，可在2,4-D溶液中加少量红广告色或黑墨汁。

用2,4-D处理过的果实不结种子，所以，留种的不能点花。有人试验发现，连年在2,4-D处理过的植株上留种，会发生种性退化，根系受抑制，遇高温多雨易发生病毒病的危害，而且2,4-D在植物体内可以传递与积累，处理下层的花对上层果实的种子也有影响，所以留种田最好不用2,4-D。

因为2,4-D使用时稍不注意就会发生药害，所以，近几年国内开始使用$30\times10^{-6}\sim60\times10^{-6}$防落素（又叫促生灵，番茄灵，对氯苯氧乙酸，丰收灵，丰收宝2号，PCPA，英文名称为4-CPH），喷洒防止落花落果的效果很好。防落素是苯酚类内吸性植物生长调节剂，植物吸收后，能抑制体内脱落酸的形成，使果柄等处难形成离层，而有效地防止落花落果。用2.5%水剂1毫升，加水0.8～1升，开花时用毛笔点花，也可用小喷雾筒对花喷洒。防落素为粉末状的结晶，溶于水，对光、热、酸稳定。用时先将其用氢氧化钠进行中和滴定，溶解后加水稀释。药性温和，药效虽慢，但坐果率高，且不易形成药害。

使用 2,4-D 或防落素等单一激素促花促果时，可加入 0.1%的 50%农利灵（乙烯菌核利）可湿性粉剂或 50%速克灵（腐霉利，腐霉剂）和 10～20 毫克/千克的赤霉素，同时可起到保花保果，促进生长和预防灰霉病的作用。

沈农番茄丰产剂 2 号是复合生长调节剂。由有机和无机等多种物质组成，为 8 毫升瓶装，为无色透明液体，易溶于水，对人畜安全，不污染环境。性质稳定，在无直射光和阴凉处长期存放，不易分解失效。番茄有 3～4 朵花开放时为蘸花或喷花的适宜时期。在一般温度下（20℃～25℃），每瓶激素加 0.75 升清水，低温（20℃以下）时，每瓶加 0.5 升清水，高温（25℃以上）时，每瓶加 1 升清水，搅匀后装入广口容器或小喷雾器中，将整个花序或单花放入蘸一下或用小喷雾器喷花序或单花。处理后可有效地防止落花落果，促进果实膨大成熟，而且不易产生畸形果，增产显著。

北京市海淀天达科技公司还生产一种果霉清，它含有杀菌剂、生长素和红颜料，起到防病保果和促进生长等多重作用，具有效果好、安全、经济与增产的特点。用果霉清蘸花，可提高结果率，减少畸形花、畸形果的发生。有效防治灰霉病的发生，效果较速克灵＋2,4-D、速克灵＋防落素好。

（二）秋番茄丰产栽培

秋番茄又叫麦茬番茄，指夏季播种，麦收前后定植，8 月上旬开始成熟上市，一直收到 10 月中旬的番茄。一般 667 平方米产量 3 500～4 000 千克。秋番茄苗期正处高温季节，易染病毒病；6～7 月份大量开花时，温度高、落花严重；后期又常遇雨季，果实大量开裂、腐烂；稍不注意，还会遇到早霜危害。因此，要严格按照操作规程，才能确保丰收。

1. 选好种植区

秋番茄最忌高温、阴雨，所以，在气候凉爽干燥，又能灌溉的地区种植最好。

2. 品　种

选用耐热、抗病、丰产、不裂果或裂果很轻的品种，如大架的红月亮樱桃番茄 F_1、千禧小番茄、红宝石、吉娜、北京樱桃番茄、樱桃红、微星、圣女、丘比特、京丹绿宝石、超甜樱桃番茄、京丹 2 号、红太阳、维纳斯、红珍珠、北极星、CT-1 樱桃番茄、金珠小番茄、美味樱桃番茄、一串红、MICKEY、FS 红宝石番茄、沪樱 932、丽彩 1 号、红宝石 2 号番茄、碧娇、亚蔬王子樱桃番茄、亚蔬 6 号小番茄、金旺-369、金玉 101、龙女与小皇后樱桃番茄等。

3. 播种育苗

秋番茄对播种期要求严格，最好在 5 月 15～25 日播种，6 月中旬定植完毕。这样，7 月份温度急剧上升时根系已经相当发达，并开始迅速生长，抗病力强。

秋番茄育苗时不宜分苗。为了培育壮苗，最好采用塑料遮阳网覆盖护根育苗法。

塑料遮阳网又叫遮阳网、遮阴网、遮光网、寒冷纱或凉爽纱。其产品大部分是用聚烯烃树脂做原料，经拉丝后编织成的一种轻量化、高强度、耐老化的新型网状农用塑料覆盖材料。

生产上应用较多的是银灰色网和黑色网。一般黑色网的遮光降温效果比银灰色网好些，适宜酷暑季节和对光照强度要求较低、病毒病害较轻的蔬菜覆盖。银灰色网的透光性好，有避蚜虫和预防病毒病危害的作用，适用于初夏、早秋季节和对光照强度要求较高的蔬菜覆盖。遮阳网重量很轻，体积小，使用方便。遮阳网的主要作用是防止强光、高温、暴雨、大风、霜冻及鸟虫等危害，可为作物生长发育提供良好的环境条件。

遮阳网覆盖育苗的方法是：大规模育苗时多利用大棚，即大棚内早番茄、早黄瓜或四季豆收获后，将遮阳网盖在大棚骨架上，在大棚内育苗。覆盖遮阳网时仅将棚顶盖住，网两边离地 1.6～1.8 米不盖，以便通风。通常 6 米宽的大棚，用宽 1.8 米的网 4 幅拼缝覆盖，用压膜线固定防风。如有二重幕架的大棚，可将网固定在二重幕架上，以便开闭揭盖。覆盖时最好将塑料薄膜与遮阳网并用，将遮阳网盖在薄膜上面，既可遮光降温，又可防雨。用玻璃温室育苗时，宜将遮阳网盖在玻璃屋面上。如为连栋式温室，则将遮阳网平挂到室内畦面上。

育苗量小时，可采用中、小型拱棚或矮平棚覆盖。中、小型拱棚用竹竿做拱架，畦宽约 2 米，高 40～100 厘米，网盖在拱架顶部，两侧留 20～30 厘米的空隙不盖，有利于早晚光照和通风。为了防雨，也可在棚顶先盖塑料薄膜，薄膜上加盖遮阳网。为了避虫防病，还可采用全封闭式覆盖，用遮阳网将拱棚全部盖严，防止害虫侵入。

矮平棚覆盖时，按覆盖面的宽度有单畦小平棚和连片大平棚两种。前者畦宽与网宽相似，一幅网盖一畦；后者用几幅网拼接成大网，可盖 2～3 畦。单畦小平棚覆盖，需用的架材少，用竹竿搭龙门架，方法简单，成本低，操作方便，用得较多。覆盖时，先用矮竹竿、木桩等做支柱，在畦上每隔 3～4 米搭一龙门架,架高50～200厘米,如有强风,可降低到20～30厘米。也可搭成东高西低或北高南低的倾斜棚架。棚架上盖遮阳网。盖网时,网要拉平、拉直、扎稳。

育苗宜选地势高燥、排灌方便、四面通风和土质疏松肥沃的地块。地要翻晒,并多施腐熟有机肥做基肥,耕翻平整后做畦。南方多雨,低湿处,用高畦;北方多用平畦。苗床深15～18厘米,宽约1.3米。用腐熟圈粪和葱、蒜地或麦茬地的表土各半,每立方米加磷酸二铵1千克,草木灰5千克,50%多菌灵可湿性粉剂100克,或50%甲基托布津100克,80%敌百虫60克,混匀过筛后,装入纸筒(或塑料钵)。纸筒直径为10厘米,灌透底水,每个纸筒播2～3粒种子,上盖培养土。也可用方块育苗,苗床挖好后踩实床底,铲平,铺一层沙或灰,厚0.3厘米;再填培养土,搂平、踩实,厚10厘米;灌足底水,水渗后用刀子按10厘米见方的距离将床土划切成方块,深达铺沙处,在每个方块中间播2～3粒种子。定植时将整个土块拿出定植,伤根少,缓苗快。

最好用穴盘育苗。穴盘又叫育苗盘,多用塑料制成,其大小一般为60×30×5或40×30×5(单位:厘米),盘底部设有排水小孔,有的在塑料盘中设纵横隔板,每一小格育一株苗。育苗时将人工基质装入苗盘中,种子经催芽后播入,每孔1粒。播种后将苗盘排列好放到遮阳网棚下培育。

播种前将种子摊开晒2～3天,清水预浸6～7小时,再用10%磷酸三钠液浸20分钟捞出,清水冲净,晾干,播种。或将种子晒干,用55℃温水烫种15分钟,再在冷水中浸7～8小时,捞出晾干表面水分后播种。也可将其用30℃左右的温水浸6小时,在25℃～30℃中催出芽后播种。播后稍加按压,使种子与土壤密接。用浮面法盖网者,出苗前土面干燥时,直接向纱网上洒水，出苗后揭除纱网。如果需要，可继续在畦面上搭棚架，上覆遮阳网，直至定植前再除去。夏季高温期育苗，出苗前后土壤水分要充足，严防地面板结。苗出齐后，每穴选留一苗，将其余的苗尽早掐除。种子拱土出苗时，间苗或灌水后，或床面有裂缝时，都要选晴天在叶面干燥后撒覆一层培养土，每次厚约0.3厘米，以保墒保根。

出苗后适当控制灌水，促进根系生长，避免高温、高湿引起徒长。浇水宜选天凉、地凉、水凉时浇水，即早、晚浇井水或有遮荫的河水。中午温度过高，可以喷雾，甚至用排风扇排风降温，增加空气湿度。分苗前适当炼苗，分苗后用遮阳网覆盖，缓苗后再揭除。苗期揭盖遮阳网的时间，随气温的高低、晴阴等而异。晴天气温超过30℃时，可昼盖夜揭，一般上午9时盖网，下午4时揭网。阴天、雨天和早晚不盖网，大致从定植前1周起不再盖网，使之适应露地栽培条件，以利于定植后缓苗生长。但应注意，如果覆盖目的在于避蚜，则应遮盖严密，尽量少揭开。

苗期严格控制肥水，防止徒长。如发现幼苗徒长，每隔7天喷1次15～20毫克/升助壮素（缩节胺、健壮素、调节啶、匹克斯、壮棉素、甲哌啶）进行控制。为提高幼苗抗逆性，苗期喷2～3次300倍液云大-120。3～4片叶后，隔8～10天，喷1次50%抗蚜威并加入1.5%植病灵800倍液，防治苗期病毒病。出苗后，如无纱罩，可在畦埂上盖一层银灰色塑料薄膜，或将其剪成宽约6厘米的带，绷挂到苗床上，也有防蚜作用。

4. 定　植

幼苗长到6～7片叶时定植，必须于6月中旬栽完，使其于7月上中旬高温期前扎根缓苗。栽得太晚，温度高，苗子又大，影响生根缓苗。密度要适中，一般每667平方米栽3 000～4 000株。

前茬以油菜、大麦等早熟作物最好。每667平方米施腐熟鸡粪4～5立方米，磷酸二铵50千克，硫酸钾30千克，喷一遍50%辛硫磷乳油500～700倍液。然后深翻，整平。宜用宽窄行，窄行宽66厘米，栽两行，株距25厘米；宽行宽1米，不栽番茄，做通风道。

定植前1～2天，用1：1：250倍波尔多液和90%敌百虫1 000倍混合液喷洒，做到带药定植。

定植宜在下午，起苗时带好土坨。定植沟(或穴)要宽，深应达15厘米。每667平方米顺沟撒施过磷酸钙15千克，尿素5千克。矮壮苗直栽，高脚苗及徒长苗斜栽或卧栽，栽后浅盖土，埋严土坨即可，中耕时再封沟。栽苗后顺沟施入土粪，或用其围根。灌足稳苗水，合墒时锄地保墒。

5.管　理

苗期不宜多浇水，叶片不缺水时不浇。雨天排除田间积水，平时保持土壤湿润或稍干。封垄前勤中耕，结合中耕向植株旁边培土，将植株夹成梁。苗高约30厘米时插架，然后用麦秸或地膜覆盖垄面，保墒、降温，促进生根，并避蚜防病。

8月上旬前，正值番茄大量开花结果时，气温高，土壤极易干燥，板结，须及时顺沟渗灌，使土壤经常保持湿润。灌后在垄面、垄沟撒一层麦秸或麦糠，或覆盖黑色地膜，降低地温。雨后排除积水。结果后结合灌水追肥2～3次。前期为每667平方米追施尿素5～10千克和硼肥1千克，提苗壮根。当第一序果有70%进入膨大期时，开始追肥，每隔10～15天施磷酸二铵10～15千克，硫酸钾5～10千克。生长后期，每隔5～7天，叶面喷施 0.3%磷酸二氢钾和 0.3%尿素混合液 1 次，并结合叶面肥加入 300 倍液云大-120，促进果实肥大。忌用浓粪，防止烧根。

6. 整枝摘心

秋番茄定植后，正是盛夏高温季节，为了降低地温，尽早使秧子盖严地面，除密植外，要迟掰脚芽，当长到 15～20 厘米时再剪除。一般用单秆整枝，方法简单，但中后期结果不良。为了提高 9 月中旬以后的产量，可用改良单秆整枝，即在第二花序下留 1 侧枝，其上留 1～2 层果实，这样正好在国庆时成熟。番茄有间断结果现象，即结 1～2 层果后，隔 1～2 层花才能再结果。为防止这种现象，可用换头分段整枝法：主茎第三层花序出现后，在花序上都留 2 片叶摘心。在主茎中部留 1 侧枝代替主茎生长。侧枝上再留 3 层果打顶。如此连续换头 3 次，这样各层花坐果都好，果实大而整齐，可延长供应期。

秋季温度低，果实生长慢，为使番茄能在早霜前充分长大，达到绿熟期，应于 8 月 20 日前后，在花序上留 2 片叶子摘心。

7. 留　果

秋番茄一般能开 7～8 层花，第一至第二层果常在 7 月中下旬成熟，这时的果实价格低。为了使上部的果子长好，可把 1～2 层花序尽早摘除。以后的花序，开花时用 10×10^{-6}～15×10^{-6} 2,4-D 或 20×10^{-6}～25×10^{-6}番茄灵适时蘸花，防止落花落果，使每层花序坐果 10 个左右。蘸花时注意在药液中加入果霉清、速克灵等防治灰霉病。

8. 病虫害防治

秋番茄的主要病虫害有病毒病、晚疫病、脐腐病、裂果、空洞果和棉铃虫等。详见本书“九、常见病虫害防治部分”。

9. 采收与贮藏

供贮藏用的果实，应于10月中旬，当夜温达5℃时，择果实已充分肥大，达到绿熟期者采收。采收应在清晨或傍晚，叶上无水时进行，最好连果柄一起剪下，尽量减少机械损伤。在室内或棚内地上铺草帘，放3～4层果实，用500倍75%百菌清喷1次，然后再放2～3层，再喷1次药，上盖软干草。番茄堆放后，绿熟果实温度保持10℃～14℃，红熟果5℃～7℃，相对湿度85%～90%。若温度低，草上加盖1层薄膜。每隔3～5天翻检1次，选择充分红熟的上市。

（三）秋番茄的延后栽培

番茄延后栽培，是指深秋温度降低后露地不能生长时，再用覆盖的方法进行保护，使其继续生长的栽培法。这种方法能使番茄延迟采收，并经贮藏后于元旦、春节上市。其栽培要点是：

1. 选用适宜品种

延后栽培的番茄，育苗时期恰处盛夏，易受高温、干旱的影响而感染病毒病；后期，特别是用塑料薄膜覆盖后，稍不注意又会因低温、高湿而产生叶霉、晚疫等病害，有时还会受冻。所以，秋延番茄必须选择耐热、抗寒、抗病、高产、耐贮藏的品种。最好选中、晚熟品种，如千禧小番茄、樱桃红、圣女、丘比特、红太阳、丽彩1号、红宝石、金旺-369等。

2. 壮苗早栽

延后番茄最好能于9月下旬开始红熟，其余果实接近绿熟期。播期宜早，陕西关中地区，一般可在7月中旬播种，陕北、甘肃、宁夏等地在6月下旬播种，辽宁省在6月上旬至7月上旬播种。将种子用50℃～55℃水浸种，搅拌至30℃后浸泡3～4小时，再用500倍高锰酸钾液浸种20～30分钟或用10%磷酸三钠浸种20分钟，淘洗净种子上的药液后在25℃～28℃催芽，或干籽播种。最好在大棚内育苗，苗床的营养土由1/3充分腐熟的圈粪，2/3的园土，打细，过筛，每立方米培养土中，加过磷酸钙1千克，草木灰5千克或氮磷钾复合肥2千克，50%多菌灵80克或重茬灵200克及健根宝药液200毫升。

切块育苗或营养钵育苗均可，苗距要大。为防止高温，可用竹竿在苗床上搭成拱架，架顶盖旧塑料薄膜遮荫、防雨。如温度仍高，再在薄膜上盖些树枝或草帘。3片真叶起，每隔7天喷1次1000毫克/千克矮壮素，共2～3次，防止徒长。苗龄宜短，5～6片真叶前定植，并带好宿土。定植前每667平方米施腐熟有机肥3000～4000千克，复合肥30～40千克，过磷酸钙30千克，做成高畦。按行距50～60厘米，株距22～30厘米定植。畦间垄背要宽，以便后期插拱盖膜，栽后及时管理。

3. 田间管理

番茄定植后正处高温季节，地面易干燥，如果继续晴天，应浇水降温。合墒后锄地松土，促进根系发育。开花后用25毫克/千克番茄灵蘸花或喷花，并及时浇小水降温。第一层果实开始膨大时，结合浇水追肥，促进果实快速发育。一般667平方米随水施尿素15～20千克或复合肥5～10千克。

晚熟番茄生育后期，气温降低较快，上层果实生长受到一定影响。因此，宜单秆整枝，每株留3～4层花序打顶，让上层果实充分长大。

4. 适时盖膜防寒

番茄低于11℃时果实不再红熟，植株在5℃时停止生长，－2℃时受冻。因此，寒露后，当夜温下降到15℃时开始搭棚覆膜。覆膜前浇1次透水，覆膜后不再浇水。开始扣棚后温度尚高，白天注意通风，夜温低于15℃时，加强保温。5℃时增盖草帘或用双膜覆盖。

5. 及时采收

11月下旬，当棚内连续出现5℃低温时采收，红果可上市，青果堆贮于日光温室内，温度10℃～13℃，相对湿度80%，每周检查1次，陆续选红果上市。

另外，春番茄可做连秋栽培。选用晚春栽植的无病大架品种，6月上中旬整枝时在植株中部或上部，选1～2个侧枝做再生枝，留一片叶摘心，再生枝上发的芽，再留一片叶摘心，可限制生长。主蔓留4层果摘心。6月底主蔓先端果实达绿熟期时，将主蔓中、下部的叶全部摘除，加强肥水管理，促使再生枝开花结果，到9月底摘心。

6. 绿果贮存与催熟

采收绿果前，先喷药防病，减少贮藏期病、腐果数量。采收后绿熟果和未熟果分开堆放在塑料薄膜或草帘上，堆高3～5

层。贮藏温度10℃～15℃，相对湿度70%～75%。未熟果贮藏到后期，仍难完全成熟时，将番茄用1 000～2 000毫克/千克乙烯利溶液浸蘸，在20℃～25℃条件下，用塑料薄膜密封48～72小时，催熟效果好。

（四）中棚番茄早熟丰产栽培

中棚一般指两畦一盖的栽培形式。棚长8～10米，宽2.6米，棚高1～1.3米，用直径1.5厘米以上，长2米左右的竹竿或直径6～8毫米的钢筋搭成：在覆盖畦两侧，将2根架材相对插入畦埂，深25厘米左右，上部向畦中间弯曲，细头相接，接头处扎紧，包严。拱竿间距33～45厘米。两畦竹竿相接于宽畦梁上，竹竿绑好后纵向绑3道拉杆，每个拱竿和拉杆间用塑料带包严。中棚架材简易，成本低，结构简单，各地广泛利用。

1. 品种选择

要选用早熟、丰产、抗病、品质好、较适宜密植的品种，如红宝石2号、碧娇、翠红小番茄、亚蔬王子樱桃番茄、亚蔬6号小番茄、金旺-369、金玉101、串珠樱桃番茄、龙女、翠红、京丹2号、新星、秀女、小皇后樱桃番茄、红玉、金盆1号等，这类品种生长旺盛，产量高，商品性好，但应早育苗，使生育期提前达到早熟。

苗要壮。苗龄以60～65天为好，陕西关中地区1月初播种，华北、陕北及甘肃、宁夏等地于1月下旬播种。苗期注意保持一定的昼夜温差，白天温度保持在20℃～25℃，夜晚12℃～15℃。2～3叶期分苗，最好用营养钵分苗，苗距不少于9厘米，定植时现大花蕾，并做到带药定植。

2. 深翻地，重施基肥

初春施入足量厩肥或泼施人粪尿后，趁墒耕耙土地，并筑成 1.3 米宽的平畦。扣棚前每 667 平方米再增施油渣 150～250 千克，或 30～50 千克过磷酸钙，掺些碳酸氢铵，浅锄后搂平。

3. 提前扣棚，适期早栽

目前主要采用两畦一盖式中棚。扣棚期在定植前 7～10 天。中棚与大棚比，表面积大，热容量小，温度下降快，晴天无风凌晨，有时会出现棚内最低温度较棚外还低的棚温逆转现象。因此，中棚内套小棚，或进行地膜覆盖，中棚外边加盖草帘，可有效地提高棚内温度。作物根系主要靠根毛吸收水分和养分，番茄根毛发生的最低温度为 8℃，定植时要注意地温。早熟品种每 667 平方米栽 4 500 株，中晚熟品种栽 3 000～3 500 株。

定植时苗子要带好土坨。挖苗、定植、灌足缓苗水，环环扣紧。栽苗深度以苗坨上部边缘与地面平为宜。定植时要灌大水，水到畦头立即停灌，不浇回头水。

4. 管　理

定植后要根据植株的生长状态，调节好棚内的温度和湿度。徒长苗当天下午可短期通风排湿，晚上气温要低，抑制地上部生长，并及时中耕，提高地温，促进根系发育，茎叶色正常后再按常规方法管理。老化苗要晚通风，提高棚内温、湿度，苗恢复生长后，再中耕、通风，使其健壮发育。正常苗定植后头几天中午可以不通风，当地温稳定在 14℃以上后，可在下午 4

时至5时通风半小时，降低空气湿度，防止徒长，减轻病害。地显黄墒时立即中耕培土，围施腐熟厩肥。棚内气温达25℃时，开始通风，防止新叶发生褪绿斑、泡斑、叶子扭曲、花蕾发育不正常。坐果后，棚内气温18℃～22℃时开始通风，以利于果实膨大。

5. 正确使用2,4-D保花保果

早春低温时用25×10^{-6}～30×10^{-6}的2,4-D点花，后期外界温度增高，浓度可适当降低。将2,4-D涂在半开放花朵的萼片或花基部，可提高坐果率。处理子房或柱头会增加裂果或畸形果。不宜将药沾到叶上，或涂抹到花梗及花序轴上，防止药害。

6. 整枝打杈

主蔓上的侧枝长到6～10厘米时全部摘除，只保留主蔓上的2～3层果实，每层留果10～30个，或除留主蔓果外，再在头层花下保留一个侧蔓，侧蔓上留1～2层果实后摘心。大架品种，一般留3层果摘心。若欲长期栽培，可于主蔓上留一侧枝，侧枝上结2～3层果后再摘心；侧枝上再留一侧枝，坐2～3层果后再摘心。如此反复3～4次。换头整枝，坐果稳，果实大，产量高。

7. 早追肥，勤灌水

定植后要加强中耕保墒，在头层果直径1～2厘米大时灌水，随水每667平方米施尿素7～10千克；或腐熟人粪尿500千克，最好再加施过磷酸钙50～60千克。以后，每次灌溉都应加些肥料。

8. 及时治虫防病

中棚番茄生长期容易发生早疫病、灰霉病和叶霉病，可及时用70%代森锰锌可湿性粉剂500倍液，或75%百菌清可湿性粉剂600倍液，或50%扑海因可湿性粉剂1 000倍液，或64%杀毒矾可湿性粉剂400～500倍液喷洒。若灰霉严重，可加喷1～2次50%速克灵可湿性粉剂1 000倍液，7～10天1次，连续喷2～3次。近年来棚室内筋腐病日趋严重，除加强光照和肥、水等管理外，坐果后每10～15天喷1次复合肥、叶面肥，并注意加强锌、铁、镁等微量元素复合肥的应用。主要虫害有蚜虫、烟青虫、斑潜蝇，要及时用乐果、溴氰菊酯及斑潜净等防治。

（五）樱桃番茄长季栽培

为了充分发挥其特色品种的优势，可以在塑料大棚、日光温室和连栋温室等保护地条件下周年栽培。

1. 选择适宜品种

要选用结果期长，对温度的适应性强，耐弱光，综合抗性突出的品种。无限生长型的中、晚熟品种，如黄洋梨、圣女、超甜樱桃番茄、1319番茄、红太阳、北极星等，也可选用中早熟生长类型的品种，用特殊整枝来延长采收期。

2. 培育无病壮苗

播种期温度高，易感染病毒病，变2次成苗为护根1次成苗，同时加强种子消毒及苗期管理，切实控制住病毒病，这是长季节栽培能否成功的重要一环。将播种的种子在清水中浸泡 4～5 小时，然后放入 10%磷酸三钠溶液中浸泡 30 分钟，捞出后用清水洗净。或将种子放入 50℃～55℃温水中浸泡 15 分钟，然后用 1∶500 倍高锰酸钾溶液浸 1 小时，再用水浸 8～10 小时，使种子吸足水分。播种期为 7 月至 8 月中旬，苗床设在露地、小拱棚或日光温室内，苗钵周围用 50%辛硫磷与麦麸或豆饼按 1∶50 的配比配成毒饵撒施，防治蟋蟀、蝼蛄等害虫。将处理过的种子直接播种在穴盘或塑料钵中，先浇水，水渗完后再播种，每穴(钵)2～3 粒，播后覆土 1 厘米。用于播种的营养土一定是 3 年以上没有种过茄科作物的。上覆地膜。幼苗出土时傍晚将地膜揭去。为了进一步降低棚内温度，拱棚薄膜上用遮光率 50%的遮阳网覆盖，棚内形成阴凉的小气候。整个苗期应及时防治蚜虫，有条件的棚头、棚侧用 40 目的防虫网覆盖。发现个别植株上有蚜虫时，可用 50%克蚜宁 1 500倍液防治。出苗后及时间苗，每穴(钵)留 1 苗。幼苗 4 片真叶后根据长势移动穴盘或营养钵，加大苗距，适当蹲苗，防止徒长。

为防止徒长，在控水的同时，在 3 片叶时用 $1\,000\times10^{-6}$ 矮壮素喷叶片，7 天 1 次，共喷 2～3 次，可使幼苗蹲实粗壮。如分苗，宜 2 片真叶时进行，最好用营养钵。株高 20 厘米左右、茎粗 0.5 厘米左右，8～9 片叶，现大花蕾，苗龄 45 天左右时定植。

3. 施足底肥，整地做畦

微型番茄长季节栽培，生长期长，单株结果序数多，需肥量大。长季节栽培小番茄，每 667 平方米定植 3 500～3 700 株，每株结果 8～9 序，产量 4 500～5 000 千克计，需施优质腐熟的大粪干和鸡粪为主的有机肥 6 000 千克、尿素 30 千克、过磷酸钙 100 千克、硫酸钾 40 千克、豆饼 100 千克或优质有机肥 8 000～10 000 千克，三元复合肥 100 千克，锌、硼、镁、铁微量元素肥料 1～1.5 千克。在施肥的种类上应控制氮素化肥的施用，重施磷肥，增施钾肥。有机肥、化肥翻地前混合撒施，饼肥经充分发酵腐熟后集中穴施。结合深翻整地，每 667 平方米施 5%辛硫磷颗粒剂 3 千克，50%多菌灵 1 千克，消灭土壤中的病虫原，整平做畦。按 1.2 米的畦距放线开沟，做成龟背式高畦。

4. 适期定植

定植前先扣好大棚膜，通风口处安好防虫网，然后关闭通风口，进行高温闷棚 7～10 天。闷棚后将前后风口放开 3～5 天，降低地温。定植前覆盖遮阳网，定植时将苗从营养钵中取出，在做好的龟背式畦上，用单秆或双秆整枝，保留 5～6 序果，按 45 厘米的小行距、30 厘米的株距开穴，定植 2 行。如采用连续摘心多次换头法，小行距 90 厘米，株距 30～33 厘米。定植穴要大些，将准备好的饼肥施入穴中，与穴土混和，带土坨摆苗、浇水、覆土。一畦栽好后，在畦中间开一宽 25 厘米，深 10 厘米的浅沟，用于低温季节浇水，之后用幅宽 150 厘米的地膜覆盖。定植后用 25%甲霜灵 700 倍液，或 72.2%普力克 800 倍液喷雾。

5. 定植后的管理

(1)棚室管理　定植后 1～2 天，浇缓苗水，待地面下锄不沾泥时，及时浅锄，提高土壤中的含氧量和地温，促进植株发根，增加深根量，保证深冬的产量和效益。定植缓苗期，适当提高温度，不超过 30℃不放风，放风时只宜在屋脊处开小口，缓苗后，一般温度白天保持22℃～28℃，平均25℃，夜间18℃～13℃，揭苫前10℃左右。

越冬栽培期，外界气温由高到低，又由低到高，管理上要做到前期降温，中期保温，后期再降温。因此，10月中旬至11月下旬，棚室管理以通风降温为主。温度过高，茎叶容易徒长，不利于根系的发育、根群小，后期易早衰，缩短结果期。管理上应加大通风量，延长通风时间，形成相对较低的气温、较高的地温，促进根系的发育。进入11月份，气温降低，应根据天气的变化逐步减小通风量，缩短通风时间，夜间注意闭棚。

进入越冬期，12月上旬至翌年2月上旬，棚室管理以防寒保暖为主，逐渐密闭温室，夜间加盖草苫保护。雨雪天气及时加盖防雨膜。并除去下部老叶，以利通风。1月下旬、2月上旬，出现强寒流天气时应特别注意防寒，必要时进行人工增温或棚内加设二层膜，使棚内最低温度保持8℃以上，短时间不低于5℃。及时补施二氧化碳气肥。

2月中旬以后，外界温、光条件转好，棚室管理以适当通风降温为主，当棚内温度白天超过25℃时及时通风。之后随外界气温的不断升高，逐步加大通风量，延长通风时间。5月上旬以后，可将棚顶部农膜落下，但不能撤除，遇降雨及时拉膜闭棚，防止淋雨后造成大量裂果。

日光温室番茄定植后，正处光照较弱的季节，一直到3月份，即使晴天，后部2米左右光照强度也不可能满足需要，需增加光照强度：一是选用透光性强的聚氯乙烯无滴膜覆盖，注意及时清扫膜上面吸附的灰尘；二是缓苗后及时在中柱和东西山墙上张挂反光幕；三是草苫早揭晚盖，延长光照时间，并注意阴天也要揭苫见散射光；四是架设日光灯，人工补光。

(2)植株调整　定植缓苗后及时吊绳、绕蔓，防止倒伏。一般用单秆整枝，盘秧落蔓法：采用吊架和直排架，不搭“人”字形架和四角形架，减少遮光，增加透光性；同时，及时打掉侧芽、底叶、老叶、病叶及挡光严重的叶片。搭(吊)架后应进行第一次绑(绕)蔓，位置要在第一花序下1～2片叶处，不能在花序之上或之下，否则将影响营养向花序运输。采收完一序果时，下部叶片要全部打光，连果枝也剪掉，让下部通风透光，提高地温，减少病虫害的发生。这时，若温室南侧植株顶部离棚膜20厘米时，应及时落蔓。落蔓时，松开上部固定在铁丝上的绳结，让植株下坠，以茎基部为中心，将茎干直接盘绕于地面盘成圆圈，或盘绕于支架上，至距离地面15～30厘米处。配合落蔓还应摘除下部茎上的老叶，加强通风透光。长季节栽培的微型番茄，落蔓一般要进行2～3次，才能保持不断生长，连续开花、结果。植株第八序花出现后，应根据植株长势及市场行情，适时摘心。

樱桃番茄从第二花序开始，花芽分化很多。为保证果实均匀一致，商品性能好，生产中常每序留15～16个果，最多不超过20个果，掐掉果序尖。

第二种整枝法是连续摘心法：当主茎长出2～3序花时，在上面留2片叶摘心，作为第一基本枝；在紧靠第一花序近下处保留一枝，放开生长，待又长出2～3序花时，上面再留2叶打顶，作为第二基本枝。再从第二基本枝第一花序下，长出的侧枝留做第三基本枝，留2～3序花时再摘心，如此往复。这样可以提高果柄承重力，降低植株高度，增加叶片数。

掐芽(即打杈)，不可过早，第一次掐芽应在第一基本枝摘心时或扭枝前进行。只掐去不必要的，对第一基本枝及花序遮光的、长度达10厘米以上的侧枝，剩余的侧枝应在对整个植株生长形成障碍时摘除。

连续摘心整枝的要点在于扭枝，用手捏住靠近主茎的基本枝的分杈处，把茎向右或左拧半圈，使主茎与基本枝呈直角或略微下垂。扭枝要避开早晨或阴雨天，这样不易折断，伤口愈合也快。

连续摘心法适合保留 6～20 序果的栽培。一般保留 10 序果以下时，用 3 序连续摘心法。如保留 6 序果时，摘心方法是主蔓留 3 序果摘心，然后选留一个最健壮的侧枝，再留 3 序果摘心，每株共留 6 序果，每次摘心都需在第三花序前留 2 片叶，摘心宜在第三花序开花时进行；如果保留 9 序果时，要进行两次换头，方法同 6 序果摘心方法。保留 10 序以上时，用 2 序摘心与 3 序摘心交替进行。

(3)保花保果　长季节栽培微型番茄，要求每序结果越多越好，一般不需疏花疏果。11 月下旬至翌年 2 月下旬开花结果前期，由于夜温低，加上光照弱、湿度大，花器发育不良，不能正常授粉受精，落花现象严重。目前生产上常用番茄灵和 2,4-D防止落花。虽然 2,4-D 坐果快，但它只能蘸花和涂花柄，费工费时。用 25 毫克/千克的番茄灵蘸花或喷花，不产生药害，省工省时。

(4)肥水调控　总体原则是前控、中促和后补。

在施足基肥、浇好定植水的前提下，定植后到第一序果坐果前不进行追肥浇水，控制茎叶生长，促进发根，提高抗逆性。

第一序果坐果后，在整个结果期，每一序果膨大时，需追肥 1 次，每 667 平方米追施氮磷钾复合肥 15 千克。土壤浇水以见干见湿为准，尽量少浇水，否则会影响果实的甜度。灌溉方式以滴、渗灌最好。如浇明水，特别是冬季，灌后应提温，然后通风排湿，降低棚室湿度，减少病害发生。

结果后期，从第六序果膨大开始，在正常追肥的情况下，还应进行根外追肥，每 7～10 天用 0.2%磷酸二氢钾和 0.5%尿素混合液，结合蔬菜灵等叶面喷洒，促进生长，防止早衰，延长结果期。

结果前期，12 月至翌年 3 月份，棚内施放二氧化碳气肥，可增强植株的光合作用，有利于开花结果，提高前期产量。

6. 综合防治病害

在栽培管理过程中，由于采用了种子消毒等农业防治措施，微型番茄生长期间病害发生较轻。但进入 4 月份以后，随着气温的升高，晚疫病、叶霉病可随时发生，应注意防治，可用 70%加瑞农、72%杜邦克露等交替喷雾，每 7～10 天 1 次，连喷 2～3 次。

7. 适时采收，包装上市

樱桃番茄，如红果，因糖度高，完全成熟时采收，更能体现品种固有风味和品质。黄色果一般皮薄，含糖量低，在八成熟时采收，风味更佳。采收时注意保留萼片，从果柄离层处用手采摘。采收后的果实最好用 0.25 千克装的透明塑料盒，配以保鲜膜包装上市，提高其商品性，经济效益更好。

(六)高山樱桃番茄栽培

春夏栽培番茄是高山蔬菜的重要类型。番茄喜温，但不耐炎热，如长江流域平原春番茄 6～7 月份采完，秋番茄 10 月中下旬开始采收，形成了 8 月上旬至 10 月上旬供应缺口。高山尤其在海拔 800 米以上地区，七八月适宜番茄生长，可以有效地越夏延秋采收，弥补供应缺口。

1. 品种选择与播种期

品种以台湾农友公司的早熟品种圣女为宜，在 4 月下旬至 5 月上旬播种。

2. 育苗技术

苗床宜选择在避风向阳的地方，播种前 1 周每 667 平方米苗床施入腐熟人粪尿 150 千克、钙镁磷肥 10 千克、硫酸钾复合肥 2 千克。播种前种子经消毒处理，每 10 克种子需苗床 5 平方米，可供 667 平方米地种植。撒播之前，苗床浇透水，播后覆盖 0.5 厘米厚的培养土，铺上少许稻草，盖上地膜，再覆盖小拱棚。当有 1/3 左右的幼苗出土时，应及时揭去地膜和稻草，5 天后白天揭去小拱棚薄膜，一般在播种后 25 天左右，当幼苗具 2～3 片真叶时，移至 10 厘米×8 厘米的营养钵中。移苗后 20 天左右，真叶 6～7 片时喷施 100×10^{-6}的多效唑，防止幼苗徒长。再经过 7～10 天，幼苗 8～9 片真叶时定植大田。

3. 选地、整地、定植

选择海拔高度在 600～1 200 米。对于日照较长的坡向，应选择高海拔的地块；对于日照时间较短的坡地，可适当降低海拔高度。选背风向阳的南坡地，排水良好、土层深厚、肥沃疏松、前作非茄科的沙质壤土为宜。在定植前 10 天左右，每 667 平方米施用石灰 100～200 千克，再翻耕做畦，畦宽连沟 1.5 米，双行种植。在畦中间开一深约 20 厘米的施肥沟，每 667 平方米施腐熟畜粪肥 1 500 千克、过磷酸钙 50 千克、复合肥 50 千克，然后覆盖黑薄膜。定植前 1 天，幼苗喷 1 次 75%百菌清 800 倍液，行、株距 60 厘米×35 厘米，每 667 平方米栽 2 500

株左右，对定植穴上的薄膜用刀片划洞，植后浇足定根水。

4. 肥水管理

定植后1个月内，每7天施1次追肥，每667平方米施6～8千克尿素或复合肥；从第一果序的果实膨大期开始，应重施追肥，每15天追施1次，每667平方米施15千克左右复合肥，并结合浇水。生长后期，用0.2%磷酸二氢钾加0.4%尿素混合液喷施叶面。

5. 植株调整

（1）整枝打杈　一般用双秆整枝，选留主茎第一花序直下叶腋所生的一条侧枝，其余的侧枝全部抹去，侧枝经培育，与主茎构成两条并列的主茎，这两条主茎上的侧枝也全部抹去。每7～10天进行1次全面整枝，择晴天，于植株上露水干后进行，整枝结束后喷1次杀菌剂对伤口进行消毒。

（2）搭架、绑蔓　当植株长到30～40厘米时插搭“人”字形架，即在距每株植株的基部约10厘米处斜插1根竹竿，使同畦两行相对的两根竹竿交叉，在交叉处用1根横竹竿连结扎紧，竹架两端再用树桩固定。支架一定要牢固，高度一般为1.7～2米，支架搭好后再进行绑蔓。用聚丙烯包装绳，按“8”字形进行绑蔓。每长20～25厘米，要绑蔓1次，一般需绑蔓4～5次。

6. 病虫害防治

主要病害有青枯病、早疫病和病毒病。在做好农业防治基础上，对青枯病发病初期可用72%农用链霉素3 000倍液或77%可杀得600～800倍液灌根，每7～10天1次，共2～3

次。对早疫病，发病初期用75%百菌清800倍液或50%多菌灵800倍液，每7～10天喷1次，共2～3次。喷药要均匀、各叶都喷到，特别要喷植株下部叶片及叶背面。对病毒病，发病初期可用20%病毒A可湿性粉剂500倍液或1.5%植病灵乳油1 000倍液喷洒。主要虫害有蚜虫，可用2.5%功夫乳油2 000倍液或10%一遍净2 000倍液等喷雾。对棉铃虫，在幼虫2龄前用90%敌百虫1 000倍液或20%杀灭菊酯2 000倍液喷雾。

7. 采　收

一般在转色期到成熟期期间开始采收，若要长距离运输的，可适当提前采收，以保持果实的商品性与品质。

（七）观赏樱桃番茄盆栽技术

樱桃番茄具有果形小巧、色泽鲜艳和生食口味好等特点，随着人们生活水平的不断提高，消费量逐渐增加。

有些樱桃番茄的株高、株冠均在16厘米左右。枝展自然成荫，主秆粗糙而多气根瘤。植株形象古朴，果实小巧美艳，恰似樱桃、珍珠等。果实口感极好，与菜用番茄相比，清润鲜美，尤为突出。既可做配菜、裱花或装点水果盘，又可用于公园绿地的造景，还可充当家庭盆花，美化居室，应用前景较广，适宜规模化栽培，亦可获得可观的经济效益。

1. 品种选择

观赏盆栽樱桃番茄，需选择专用品种。如浙江省农业科学院蔬菜研究所选育的“金玉”观赏用盆栽专用品种，植株矮壮，株型紧凑，结果集中且早熟，果形美观，挂果时间长，果色艳丽。北京绿金蓝种苗有限公司选育的矮化型樱桃番茄品种——矮生红铃,该品种植株高 20 厘米左右,第七、第八节开始坐果,果实圆球形,红色,单果重 10～15 克,单株结果数量最多达 136 个,平均 109 个。该品种早熟,耐热性、抗病性比普通番茄强。

2. 播种育苗

长江流域地区一年可栽多季,以春栽为主。冬前 11 月～12 月份育苗,清明后定植。秋季栽培宜在 7 月上旬至中旬播种,可在国庆节期间上市。

用疏松园土或泥炭、砻糠灰、蛭石等做育苗基质。播前应进行种子消毒,均匀撒播后覆盖土并浇透水,盖上不透光的塑料薄膜或稻草保持水分,置于大棚或小棚内。4～5 天出苗后,根据天气及基质确定浇水量,并保持通风透光。15 天左右,苗长出 2～3 片真叶时,直接定植于直径为 15～20 厘米的盆中。

家庭栽培相当容易,每个干净花盆内,盛营养土,撒进种子 2～3 粒,表面覆盖细土,等到苗高 3～4 厘米时,保留 1 株,其余的幼苗带护根土移入缺苗的花盆,15～20 厘米直径的花盆,每盆栽 1 株。

3. 定植管理

(1)盆土配制　为便于运输和观赏,采用单株盆栽。盆栽的营养土必须疏松、透气、肥沃,而且较轻。营养土的主要成分是蛭石、泥炭、草木灰、砻糠灰与珍珠岩等,通常可采用等量体积的木屑和湿猪粪拌匀发酵 30 天后,再配上等量体积的砻糠灰拌匀,三者体积比为 1∶1∶2,然后装入塑料盆中。也可用 80%的草炭(或东北松毛土)和 20%的 3 年未种过茄科作物的疏松园土，在配好的营养土中，每立方米加氮磷钾复合肥5千克，混合掺匀。如果没有草炭和松毛土，也可用种植食用菌的废料代替，效果也很好，而且成本较低。

阳台盆栽可于清明后将苗栽到盆内。如放在室内，可提早定植。

樱桃番茄也适合水培，可用果蔬的专用营养液肥料。水培容器用叶菜类的水培容器。水培采用3～4片真叶的幼苗定植，也可用扦插苗。水插时营养液浓度一般为水培苗浓度的1/4～1/2，插枝长10～15厘米，有叶2～4片，插入营养液深度为4～5厘米，一般培养10～15天后即可定植。水插苗比种子苗可提早15～20天开花。

（2）盆钵的排放　观赏樱桃番茄植株前期，要在日光温室中进行培养，花盆要采用直径20厘米以上的泥盆，装上配好的营养土，将培育好的适龄苗定植到花盆中。定植前先在日光温室中做长6米、宽1.2米的畦，畦面向下挖10厘米。盆钵排放前，可在棚内地上先铺一层塑料薄膜，再排放花盆，以避免番茄根系从盆钵排水孔钻出扎入土内，盆钵移动时断根引起植株萎蔫或死亡。将已定植上苗的花盆摆入畦中，每畦摆满后，从花盆下部向畦内灌水，水从花盆下部慢慢向上吸入，直到花盆内营养土全部湿润为止。

为了便于生长前期管理，盆可紧密排放。植株长到一定大小相互挤轧时，应相应增大盆钵间距，避免植株密度过大，造成徒长，植株不能直立，而影响观赏性。

（3）肥水管理　盆土应干湿适宜。湿度过高，导致病害发生。连续高温干旱，每天早晨应浇透水。阴雨天，基质不干燥不浇水。

坐果前植株生长缓慢，叶色变淡时，浇稀薄人粪尿1～2

次。叶色发黄时，可每盆施用尿素0.5克，或叶面喷施0.2%尿素溶液，保证植株生长良好，坐果后可用尿素溶液追肥1次。还可用0.3%～0.5%磷酸二氢钾进行叶面喷施。

(4)温度控制　定植后白天气温保持在22℃～28℃，夜温应不低于9℃。晴天上午9时覆盖遮阳网，下午4时前收网，既可降低棚内温度，又保证了植株的光照。阴雨天可不盖遮阳网。连续晴天高温，可适当洒水降温。同时应保持棚内的通风透气，既可降温，又可防止病虫害的发生。

观赏樱桃番茄，开花坐果能力较强，因此，最好不要采用2,4-D或防落素处理，以免造成畸形果。在低温、弱光条件下，可用振动方式人工辅助授粉。振动授粉可使果实内的种子正常发育成熟，这样不仅可以保证果实均匀、圆整，而且可以延长果实的发育周期，延缓植株衰老。

(5)修剪整枝　基质结构疏松，搬运时容易引起植株倾倒，出棚前在每盆番茄基部培土，稳固根基。盆栽的番茄适于单秆整枝，亦可双秆整枝，但需及时整枝和插秆绑茎，并修掉一些老叶、虫孔叶及部分过多的叶子，使番茄大部分果实能露在叶外，形成硕果累累的效果。挂果太多的植株要疏掉部分果实，剪除影响株型的侧枝，使株型更加紧凑，更具观赏性。

(6)观赏养护　移入室内的樱桃番茄，要及时摘除有病、黄化的叶片，以促进通气，并且应尽量增加光照，增强植株的光合作用，防止病害的发生。开花结果后，植株容易倾斜，可用小竹竿或铁丝支撑，增强观赏效果。番茄一般定植后50天左右第一序果实成熟，当有4～5个果转红时，即可移入室内观赏养护。由于一般家庭中湿度低、光线弱，因此，在移入室内7～10天前，要适当减少水分，加大蒸发量，并逐步进行20%～30%遮光处理，以增强其入室后的适应性。室内生长期间，每25～35天追施1次氮磷钾复合肥，每株每次施用1克左右。浇水时不要从植株上部喷淋，最好把花盆放在室温条件下的水中，从下部慢慢吸入。移出温室前，可在花盆表面覆盖一层珍珠岩，这样不仅可以提高保水性，而且可以增强美观效果。

（7）病虫害防治　基质培育的番茄只要排放密度适当，温、湿度调节好，一般病害较少。虫害主要有蚜虫和烟青虫等。烟青虫发生不严重时可人工捕捉，严重发生时可喷施90％敌百虫晶体或2.5％功夫乳油5000倍液。蚜虫可用50％避蚜雾可湿性粉剂2000～3000倍液，或25％菊乐合酯3000倍液防治。

八、留　种

番茄虽是自花授粉，但仍有杂交的可能，自然杂交率达4％～5％，特别是柱头伸出药筒外面的长花柱品种，杂交的可能性更大。因此，留种时不同品种间最好保持一定距离。大田选种时，如果近旁植株种性不好，留种花蕾最好套袋隔离。

应选生长健壮、无病害及具有品种特征的植株留种，择果实周整者做种果。因头层果多呈畸形，发育差，种子也少；后期果实种子又不充实，一般以第二至第三花序结的果为最好。每株留3～4个。

番茄的种子常比果实成熟早，开花后35天，种子就有发芽力，但胚的发育完成是在授粉后40天，而要充分成熟必须在授粉后50～60天，所以，从未成熟果实中采的种子虽能发芽，但生产上仍以用成熟的果实留种较好。种果采收后用刀从中部横切，把种子连同胶汁一起挤入搪瓷器中，放在温暖处，令其自然酸化。在 20℃～28℃下约经 3 天，当浆液表面覆满白色菌膜，用手攥浮无粘滑感，种子已与胶冻物脱离，搅拌后能够迅速下沉即可。如果白色菌膜上出现红色或黑色等杂菌则表示酸化过度，会降低发芽率。在酸化过程中，无论种子多少，一律不加水，否则种子易变黑。而且，在发酵中有发芽的可能。

酸化好的种子，用木棒充分搅拌，使种子与胶状物分离后，再加清水冲净、晾干，贮于低温干燥处。种子一般可保存 4～6 年。

应特别指出的是，番茄杂种长势强，适应性广，抗病，发育快，利用价值很高。但不同杂交组合增产幅度差异很大，个别也有减产的。所以，要得到好的杂种，必须选择具有优良性状的品种做亲本，经测定配合力后选出最好的组合，再生产杂交种子。

九、常见病虫害防治

（一）病害防治

1. 病毒病

【症　状】 番茄病毒病田间的症状主要有 6 种。①花叶型：叶片上出现黄绿相间，或深浅相间的斑驳，叶脉透明，叶略有皱缩，病株较矮；②蕨叶型：植株矮化，上部叶片开始全部或部分变成线状，中下部叶片向上微卷，花冠加长增大，形成巨花；③条斑型：发生在叶、茎、果上，病株上部不现花叶。病斑形状因发生部位不同而异，在叶片上为茶褐色斑点或云纹，在茎蔓上出现黑褐色凹陷坏死条斑，变色部分仅在表层，不深入茎、果内部。病斑迅速向下蔓延，叶片发黄，叶柄发黑。果实上产生不规则形褐色凹陷的油渍状坏死斑，病果畸形，有的龟裂腐烂，叶片有时呈深绿色与浅绿色相间的花叶状，叶脉上生黑色油渍状坏死斑，后顺叶脉蔓延至茎秆，在茎上形成条斑。常由烟草花叶病毒及黄瓜花叶病毒或其他一两种病毒复合侵染引起，在高温与强光照下易发生；④巨芽型：顶部及叶腋长出的芽分枝或叶片呈线状变小，色淡，枝梢呈淡紫色，芽变大，向上呈圆锥形。花柄花萼肥大，叶腋处长出淡紫色粗短肥大的腋芽，顶部丛生直立的不定芽，病株多不能结果，或呈圆锥形坚硬的小果；⑤卷叶型：叶脉间黄化，叶片边缘向上弯曲，小叶呈现球形，扭曲成螺旋状，植株萎缩，有时丛生，多不能开花结果；⑥黄顶型：株顶叶色褪绿或黄化，花瓣变绿成叶状。顶部枝梢不肥大，叶腋长出大量腋芽，腋芽上又长出许多纤细的不定芽，叶小，叶面皱缩，边缘多向下或向上卷起，病株矮化，不定枝丛生。

应该注意的是，利用 2,4-D 蘸花时由于浓度大，会积累在新叶中，使新叶不能正常展开，变得细长撅起，皱缩硬化，叶缘扭曲畸形，细看时叶肉颜色较深，叶脉颜色较浅。这种叶会随着生长加大而略有舒展。发生药害后在果实上的表现也非常明显，常形成尖顶果，即果实脐部乳突状，有时还会裂果。但新生叶不黄化，植株不矮化，对产量影响较小。

【病　原】 引起番茄病毒病的毒原有 20 多种，主要有烟草花叶病毒(TMV)、黄瓜花叶病毒(CMV)、烟草卷叶病毒

(TLCV)、苜蓿花叶病毒(AMV)等。烟草花叶病毒主要引起花叶病状，抗逆性很强，在高温强光下，或与马铃薯 X 病毒混合侵染时，产生条斑症状。该病毒的失毒温度 90℃～93℃，10 分钟，稀释限点 100 万倍，体外保毒期 3～4 天。在无菌条件下，致病力达数年，在干燥病组织内存活 30 年以上。寄主范围广泛，有 36 科 200 多种植物能被侵染，蚜虫不传染，只能以汁液传染。黄瓜花叶病毒主要引起蕨叶症状。失毒温度 65℃～70℃，10 分钟，稀释限点 1 000～10 000 倍，体外保毒期 3～4 天。不耐干燥，在室温下干燥 72 小时即失去生活力。寄主范围广，有 45 科 124 种植物能被侵染，由蚜虫和汁液传染。引起巨芽的病原是一种类菌原体，存在于番茄的韧皮部、筛管及伴细胞内，呈圆形、近圆形或不规则形。卷叶型病株，由烟草卷叶病毒引起，寄主范围较窄，主要侵染茄科、菊科，靠粉虱传播，汁液接触不传播。苜蓿花叶病毒寄主范围广，除侵染豆科外还侵染茄科、葫芦科、藜科等 47 科植物。汁液稀释限点 1 000～100 000 倍，钝化温度 55℃～60℃，体外保毒期 3～4 天。条斑病是由烟草花叶病毒的另一株系引起的，该株系侵染辣椒，也表现条斑病症状。TMV 和 CMV 共同寄主主要有番茄、茄子、辣椒、烟草、菠菜等，但也有不同的寄主，如 TMV 一般不能侵染瓜类和禾本科植物，而 CMV 能侵染瓜类、小麦、玉米等禾本科植物。

【发病规律】 烟草花叶病毒在多种植物上越冬，种子也带毒，主要通过汁液接触传染，只要寄主有伤口即可侵入。种子上的果屑也带毒，土壤中的病残体，田间越冬寄主残体，烤烟后的烟叶、烟丝均带毒。黄瓜花叶病毒，主靠蚜虫传染，汁液也可传染，冬季病毒多在宿根杂草上越冬，春季蚜虫迁飞传毒。巨芽病和丛枝病通过嫁接传染。

番茄病毒病的发生与环境条件关系密切，一般高温干旱天气有利于发病，施用过量氮肥，植株组织生长柔嫩，或土壤瘠薄、板结、粘重、排水不良均容易发生。病害的发生，还与寄主年龄有关，年龄越小越易感病，当第一序果进入绿熟期，第三序果坐着后，进入抗病阶段，损失较少。

【防治方法】 ①选用抗病品种，并从无病株上采种。②播前种子用清水浸泡5～6小时，再用0.1%高锰酸钾液浸20分钟，取出用清水冲净，这样可基本除去种皮外带的烟草花叶病毒，或先把种子用水浸5～6小时，然后再用10%磷酸三钠液浸种20～30分钟取出，用清水冲洗后播种。③轮作、深耕、增施基肥，壮苗、早栽、密植。合理施肥灌水，增施石灰，促使病残体上的烟草花叶病毒钝化，喷施爱多收6 000倍液或植宝素7 500倍液，提高植株抗病能力。④操作前用肥皂洗手，先健株，后病株。如果接触了病株，最好用肥皂水或0.5%～1%磷酸三钠液洗手，防止接触传染。也可用钝化剂，如1∶10～20的黄豆粉或皂角粉水溶液，在番茄移植、绑蔓、整枝打杈时喷洒，对防治接触传染的烟草花叶病毒有较强的抑制作用。⑤早治蚜虫、蓟马与白粉虱，尤其高温干旱期更应勤防。⑥发病初期喷洒抗毒丰（0.5%菇类蛋白多糖水剂）300倍液，或1.5%植病灵Ⅱ号乳剂1 000倍液，加20%病毒A 600倍液，或20%病毒A可湿性粉剂600倍液，或5%菌毒清水剂400倍液，或高锰酸钾1 000倍液，喷α-萘乙酸$20\times10^{-6}\sim100\times10^{-6}$及1%过磷酸钙、1%硝酸钾做根外追肥；也可喷洒7.5%克毒灵水剂600～800倍液，或5%菌毒清水剂400倍液；或3.95%病毒必克可湿性粉剂700倍液；或10%宝力丰病毒立灭，每支对水10～15升；或83增抗剂100倍液；或植物病毒钝化剂912，每667平方米用粉75克，加温水调成糊状，用1

升开水浸泡 12 小时,混匀晾凉后对水 15 升喷洒;或 30%毒克星可湿性粉剂 400～500 倍液喷洒,提高抗病力。

2. 早疫病

【症　状】 又叫轮纹或夏疫。苗期、成株期均可受害,主要侵染叶、茎、花、果。幼苗的茎基部生暗褐色病斑,稍凹陷,有轮纹,有时环包全茎,引起类似立枯的症状。成株期发病,先从叶部开始,初期呈针尖大的水渍状暗绿色病斑,扩大后呈圆形或不规则形,有明显的同心轮纹,直径 1～2 厘米,边缘深褐色,潮湿时上生黑色霉层。病叶一般由下向上发展,严重时叶片脱落。茎受害多在分杈处及叶柄基部,椭圆形或不整齐形,暗褐色,凹陷,上生灰黑色霉状物,有时龟裂,严重时断枝。花和果实受害,往往从花萼附近开始,初为椭圆形或不定形斑,使花腐烂变黑。果实上常从花托附近的果面产生凹陷斑,近椭圆形,暗褐色,上生黑色霉层,果面易开裂,病部较硬,密生黑色霉层。严重时果实脱落(图 17)。

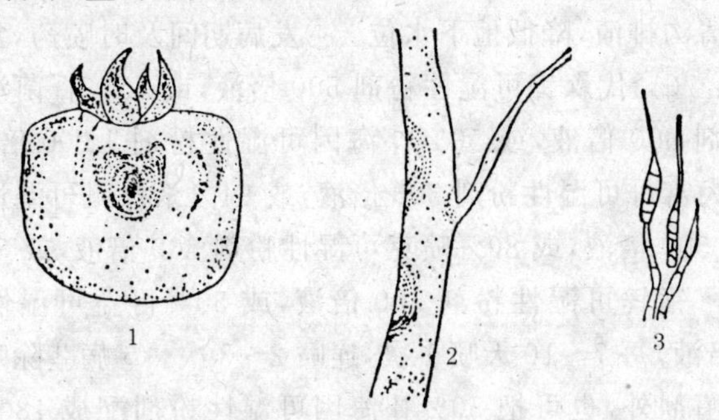

图 17　番茄早疫病

1. 病果　2. 病株　3. 病原菌

【病　原】 由真菌茄链格孢引起。发病的温度界限1C～

45℃,26℃～28℃最适宜。分生孢子在6℃～24℃水中经1～2小时萌发,28℃～30℃水中仅需35～45分钟萌发。每个孢子可产生芽管5～10根。潜育期短,侵染快。

【发病规律】 以菌丝或分生孢子在病残体或种子上越冬,种子也可带菌,从气孔、皮孔或表皮侵入,形成初侵染,经2～3天潜育后出现病斑,3～4天产生分生孢子,并通过气流、雨水进行多次重复侵染。当番茄进入旺盛生长及果实迅速膨大期,基部叶片开始衰老,病菌在田间上空积累,这时遇有持续5天平均温度21℃,降雨2.2～46毫米,相对湿度大于70%的时数大于49小时,即开始流行。因此,雨季到来的迟早、雨日的多少和降雨量大小等,均影响相对湿度的变化及早疫病的扩展。此外,该病属兼性腐生菌,田间管理不当,或大田改种番茄后,常因基肥不足发病重。

【防治方法】 ①选择健株留种,用无病种子或播前用52℃温水浸种30分钟后,催芽播种。②苗床与种植地实行与非茄科2～3年轮作。③加强田间管理,低洼地用高畦种植,雨后清沟排渍,降低地下水位。④发病期间及时喷药,常用药剂有:70%代森锌可湿性粉剂500倍液,或75%百菌清可湿性粉剂600倍液,或50%扑海因可湿性粉剂1 000倍液,或40%大富丹可湿性粉剂500倍液,或64%杀毒矾可湿性粉剂400～500倍液,或80%喷克可湿性粉剂600倍液,或58%甲霜灵·锰锌可湿性粉剂500倍液,或50%得益可湿性粉剂600倍液,每7～10天喷1次,连喷2～3次。⑤病茎除喷淋上述杀菌剂外,也可把50%扑海因可湿性粉剂配成180～200倍液,涂抹病部,必要时还可配成油剂,效果更好。⑥温室定植前用硫黄烟熏,每1 000平方米用硫黄粉250克,锯末500克混合后用红煤球点燃,密封一夜。生长期每667平方米用百菌清烟剂 250 克，傍晚熏蒸。

3. 晚疫病

【症　状】 俗称疫病。幼苗、叶、茎和果实均可发生，以叶和青果上最重。中下部叶片先发病，从叶尖或叶缘开始，呈规则的暗绿色水渍状病斑，后变褐色，湿度大时叶背病健交界处有一圈白色霉状物——孢子梗和孢子囊。茎受害，开始呈暗绿色，后变为黑褐色条形病斑。果实多在青果近果柄处呈灰绿色水渍状硬斑块，后变深褐色，稍凹陷，边缘呈明显不规则云纹状，潮湿时长出少量白霉，果实坚硬，迅速腐烂。

【病　原】 由真菌致病疫霉菌侵染所致。菌丝无色，无隔膜。在寄主细胞间生长，以丝状吸器伸入寄主细胞内吸取养分。孢子梗 3～5 梗，成丛由叶背气孔伸长，上有分枝 3～4 个，顶端着生孢子囊。孢子囊形成后，孢子梗继续生长，将第一个孢子囊推向一旁呈侧生状，顶端再生第二个孢子囊。这样，每一分枝在短时间内，可陆续产生几个孢子囊。孢子囊无色单胞，卵圆形，在低温高湿条件下，能形成 6～12 个游动孢子，可侵入寄主。卵孢子不多见。孢子囊和游动孢子需在水滴中萌发，而且寄生性很强，但寄主范围很窄，只能侵染番茄和马铃薯（图 18）。

【发病规律】 主要在冬季栽培的番茄中越冬，有时可以厚垣孢子落入土中的病残体上越冬。借气流或雨水传播，由气孔或表皮侵入。菌丝发育适温 24℃，最高 30℃，最低 10℃～13℃。孢子囊形成的温度界限 3℃～36℃，相对湿度高于 91%，在 18℃～22℃，相对湿度 100%较适宜。孢子囊萌发，10℃下需 3 小时，15℃ 2 小时，20℃～25℃ 1.5 小时，芽管入侵。病菌的营养菌丝在寄主细胞间或细胞内扩展，经 3～4 天

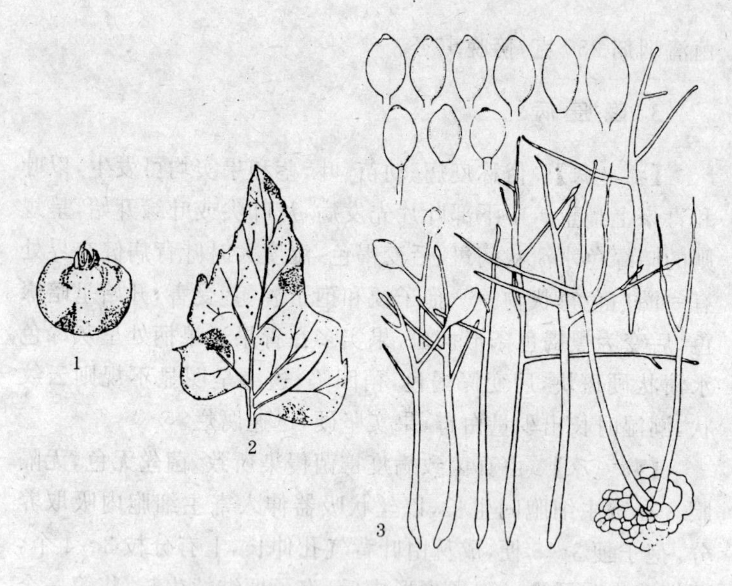

图 18　番茄晚疫病

1. 病果　2. 病叶　3. 病原体

潜育，病部长出菌丝和孢子囊，经多次重复侵染即可流行。当寄主表面有水膜时，孢子囊才能产生游动孢子，所以，能否流行，取决于有无饱和的相对湿度或水滴。高温低湿，孢子囊易失活。常温下，相对湿度低于80%时，仅存活几个小时。地势低洼，排水不良，易诱发此病。

【防治方法】 ①严禁在有番茄病株的棚内育苗。严格控制生态条件，防止棚内高湿条件的出现。及时打杈，定植勿过密，及时通风，合理施肥、灌水，保持植株健壮，增强抗病力。②及时用药，保护地667平方米用百菌清烟剂250～350克，熏蒸4～6小时，或用5%百菌清粉尘剂，每667平方米1千克，每9天喷1次。大田发病后用72.2%普力克水剂800倍液，或96%硫酸铜1 000倍液，或1∶1∶160～200倍的波尔多液，或 72%克露可湿性粉剂 500～600 倍液，或 72%克露可湿性粉剂 800 倍液，加 72.2%普力克水溶液 500～800 倍液，或 69%安克锰锌可湿性粉剂 900 倍液，或 64%杀毒矾可湿性粉剂 500 倍液，或 70%乙磷·锰锌可湿性粉剂 500 倍液，每 7～10 天喷 1 次，连喷 4～5 次。也可用 50%甲霜铜可湿性粉剂 600 倍液，或 60%琥·乙磷铝可湿性粉剂 400 倍液，或 12%绿乳铜乳油 600 倍液灌根，每株 0.3 升，每 10 天灌 1 次，连续灌 3 次。

4. 灰霉病

【症　状】 危害花、果实、叶片及茎。多数先侵染残留的柱头、花瓣或花托，渐向果面或果柄发展，使果皮变成灰白色，果实变软腐烂，后期产生大量灰色至灰绿色霉层，果实失水僵化。叶片受害，一般从叶尖开始，病斑呈"V"字形向内发展，浅褐色水浸状，边缘不规则，并有深浅相间的轮纹，表面生少量灰霉，叶片枯死。花部感染，使花湿烂，长出淡灰褐色霉层并引起落花。茎染病，开始生水浸状小点，后扩大为长椭圆形或长条形斑，湿度大时病斑上长出灰褐色霉层。严重时病部以上枯死。苗期感染，引起茎叶腐烂，病部灰褐色，表面密长灰霉。

【病　原】 由灰葡萄孢菌引起的真菌病害。主要以菌核在土壤中或以菌丝及分生孢子在病残体上越冬或越夏。翌年春，菌核萌发，产生菌丝体、分生孢子梗和分生孢子。借气流、雨水或露珠及农事操作传播，从寄主伤口或衰老的器官及枯死组织侵入，沾花是重要人为传播途径。花期是侵染高峰期，浇水后病果剧增。

本菌为弱寄生菌，可在有机物上腐生。发育适温 20℃～23℃，最高 31℃，最低 2℃。对湿度要求很高，一般 12 月至翌年5月份，气温20℃左右，相对湿度90%以上的多湿状态易发病。湿度降低到75%以下，病害减轻。

【防治方法】 ①保护地晴天上午晚通风，使棚温迅速升高到33℃，再通顶风。31℃以上的高温可减缓孢子萌发速度，降低产孢量。棚温降至25℃以上时，中午继续通风，使下午棚温保持25℃～20℃。棚温降至20℃时，关闭通风口，夜间保持15℃～17℃；阴天打开通风口换气。②浇水宜在上午进行。发病期适当节制浇水，严防过量。畦沟铺干草，缓释地表水，防止结露。③发病后摘除病果、病叶和侧枝，集中烧毁或深埋。④第一次用药在定植前，用50%速克灵可湿性粉剂1 500倍液，或50%多菌灵可湿性粉剂500倍液喷洒幼苗，使无病苗进棚；第二次在沾花时，在配好的2,4-D或防落素液中，加入0.1%的50%速克灵可湿性粉剂，或50%扑海因可湿性粉剂，或50%多霉灵可湿性粉剂，使花器着药。第三次在浇催果水前用药，用45%特克多悬浮剂3 000～4 000倍液，或50%扑海因可湿性粉剂1 500倍液，或60%防霉宝超微粉剂600倍液，或40%多·硫悬浮剂600倍液，或50%混杀硫悬浮剂或36%甲基硫菌灵悬浮剂500倍液，或2%武夷菌素水剂150倍液均可，每7～10天喷1次。药剂注意交替施用。棚室内灰霉病始发期，施用特克多烟剂，100立方米用50克(1片)；或10%速克灵烟剂、45%百菌清烟剂，每667平方米250克，每7～8天熏1次；也可于傍晚喷撒5%加瑞农粉尘剂或6.5%甲霜灵超细粉尘剂，每667平方米1千克，每9天喷撒1次。

5. 番茄菌核病

【症　状】 叶、果、茎均可感染。叶片染病始于叶缘，初呈水渍状，深绿色，潮湿时长白霉，进而全叶呈灰褐色枯死。果实及果柄染病，始于果柄，向果面蔓延，使未熟果实似水烫过。花托上病斑环状，包围果柄周围。茎染病多由叶柄基部侵入，病斑灰白色，稍凹陷，后期表皮纵裂，边缘水渍状。除在茎表面形成菌核外，剥开茎部可发现大量菌核，严重时植株枯死（图 19）。

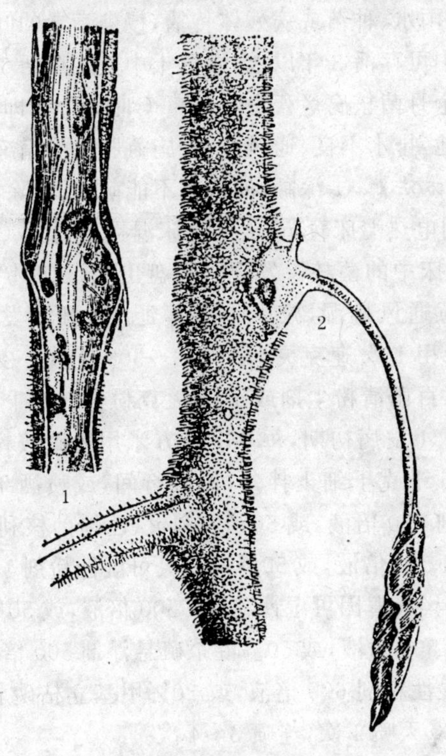

图 19 番茄菌核病

1. 病茎内的菌核 2. 叶柄基部被害状

【病 原】 由真菌核盘菌引起。菌核球形至豆瓣形或鼠粪形，成熟后黑色。菌核萌发时产生 1～50 个子囊盘，子囊排列在表面，内含 8 个子囊孢子。菌核无休眠期，且抗逆性很强，发育适温 18℃～22℃，最低 0℃，最高 30℃，有光及水分，即萌发，产生菌丝体或子囊盘。

病菌靠菌核在土中或混在种子中越夏或越冬，北方一般冬春萌发，南方分别在 2～4 月份及 10～12 月份萌发。子囊孢子借气流、雨水、种苗或病残体传播，侵染衰老的叶片和花瓣。在干燥土中可存活 3 年以上，潮湿土中只能存活 1 年左右，而在水中 1 个月菌核腐烂死亡。在 50℃时 5 分钟即死。主要发生在保护地，排水不良、通风差、偏施氮肥或受霜冻和肥田中。

【防治方法】 ①深翻，使菌核不能萌发。清除混在种子中的菌核。用电热温床育苗，播前将床温提高到 55℃，处理 2 小时，杀死苗床中的菌核。发现子囊盘出土，及时铲除，集中销毁。②注意通风排湿，减少传播蔓延。③棚室发病初期，每 667 平方米用 10%速克灵烟剂 250～300 克熏 1 夜，也可于傍晚喷撒 5%百菌清粉尘剂或 10%灭克粉尘剂 1 千克，每 7～9 天喷 1 次。④发病初期，每 667 平方米用氯硝铵粉剂 2～2.5 千克，加 15 千克干细土拌匀，撒到行间，或喷洒 40%菌核净可湿性粉剂 500 倍液，或 50%农利灵（乙烯菌核利）可湿性粉剂 1 000～1 500 倍液，或 50%速克灵可湿性粉剂 1 500～2 000 倍液，或 50%扑海因可湿性粉剂 1 500 倍液，或 50%苯菌灵可湿性粉剂 1 500 倍液，或 50%混杀硫悬浮剂 500 倍液，或 80%多菌灵可湿性粉剂 600 倍液，或 20%甲基立枯磷乳油 800 倍液，每 7～10 天喷 1 次，连喷 3～4 次。

（二）生理病害防治

1. 番茄脐腐果

【症　状】 脐腐果又称蒂腐果、顶腐果、尻腐果、黑膏药、烂脐，是番茄上发生较普遍的病害，尤其保护地发生较多。从植株下部果实发病，往往1～2层果序上发生，而且同一果序的果实上常同时发生。开花后15天左右，果实核桃大时开始发生，果实顶端先显一个或几个暗绿色水渍状的凹斑块。经1周，扩大到直径1～2厘米，甚至半个果实的组织变褐至黑褐色，革质化，柔韧坚实，果肉组织干腐、收缩，使脐部扁平、凹陷。病部后期常因腐生菌而生黑色霉状物，或粉红色霉状物。幼果提早变红。主茎和侧枝顶端萎缩，新叶卷曲，叶缘褐腐。

【病　因】 通常光照、温度和影响Ca^{2+}吸收的环境胁迫的共同作用是脐腐病发生的原因。

【防治措施】 ①深耕、细耙，增施有机肥，保证水分均衡供应。采用地膜覆盖，保证土壤水分相对稳定，减少土中钙的流失。②在番茄开花时，尤其在花序上下2～3叶，每7～10天喷洒1%过磷酸钙或0.5%氯化钙或0.1%硝酸钙，或含钙的复合微肥。喷洒时，为促进钙的转运，在氯化钙液中加萘乙酸50毫克/千克或少量维生素B_6，能阻碍草酸形成，减轻脐腐。使用绿芬威3号1 000倍液喷洒，喷后5天发病部位开始结痂，7天后植株恢复正常生长。如果提前喷施，整个生育期不会发生脐腐。绿芬威3号由美国太平洋化学公司生产，内含20%的钙元素，不仅能防治由钙缺乏引起的各种生理病害，而且可以增加番茄甜度，促进果实发育，提早成熟。③发生脐腐后，立即喷布脐腐宁或脐腐王，每7～10天喷1次，连喷2次。

2. 番茄筋腐病

【症　状】 筋腐病又称条腐果，带腐果，俗称黑筋，乌心果。主要危害果实，各地普遍发生，而以保护地尤甚。有褐变型和白变型两类：前者幼果期开始发生，主要危害1～2果穗，通常下位果实发生多。果实肥大期，果面出现局部褐变，个别果实呈茶褐色变硬，凹凸不平。切开果实，可见果皮内的维管束呈茶褐色条状坏死，果心变硬或果肉变褐，坏死，不堪食用。白变型筋腐果，主要在绿熟至转红期发生，果实着色不匀，轻的果形变化不大，重的靠胎座的果面呈绿色凸起状，余转红部位稍凹，果实红色部分减少，病部有蜡样光泽。切开果实，可见果肉呈“糠心”状，果皮及隔壁中肋部分出现白色或褐色筋丝，变褐部分不变红，胎座发育不良，部分果实成一空洞，果面红绿不均，肉硬化，品质差，食之淡而无味。筋腐一般只发生在果实上，茎叶上看不出明显症状。重病时，有时可见植株顶部和下叶弯曲，小叶中肋突出。剖开植株距根部70厘米处，可见茎的输导组织有褐色病变。

【病　因】 系生理病害。褐变型的病因认为是番茄体内糖类不足、糖类与氮的比值下降，引起代谢失调，使维管束木质化。而不良环境条件，如光照不足、低温多湿、空气不流通、二氧化碳不足、夜温偏高等均会造成植株体内糖类不足。偏施、过施氮肥，尤其过量施用铵态氮更易发生。缺钾，特别是氨态氮过剩时，也会使植株体内糖类与氮比值下降。另外，灌水过多，土壤潮湿，通透性差，妨碍根系吸收，导致体内养分失去平衡，阻碍铁的吸收和转运，导致褐色筋腐。白色筋腐的病因与上述有一定关系，但主要是烟草花叶病毒（TMV）侵染后，产生的毒素作用所致。另外，与缺钾、缺硼，吸收氨态氮过多有关。

【防治措施】 ①保护地栽培中，要避免光照不足，土壤供氧不足的现象。使用无滴膜，除去膜面灰尘。植株不要过密，生长勿过于繁茂，适量施用化肥，氮、磷、钾肥和微量元素配合，避免偏施、过施氮肥，尤其不要过量施用氨态氮肥。多施腐熟有机肥，改善土壤理化性状，增强土壤保水、排水能力和通透性。适当灌水，保持土壤适宜湿度，雨后排水，一次灌水不要过多。②坐果后，每10～15天喷施1次复合肥，注意含锌、铁、钙、镁等微量元素的复合微肥的施用。③提倡喷洒云大-120植物生长调节剂（芸薹素内酯）3 000～4 000倍液，每7天1次，共喷3～4次。④做好病毒病的防治工作。苗期用弱毒疫苗接种，发病初期喷布1.5%植病灵乳剂1 000倍液，或20%病毒A可湿性粉剂500倍液。⑤番茄喜光，开花结果期温度低于10℃，或高于30℃，光合作用受抑制，应采取保障措施，如合理的建棚角度，选用透光性和保温性好的薄膜，棚内后墙张挂反光幕，增加棚内近后墙部的光照，尽可能早揭晚盖，延长光照时间，及时整枝，打去病叶、老叶。有条件的，用白炽灯补光。遇到长期雨雪天气，注意保暖，雨雪暂停时揭苫增光，同时喷洒1%葡萄糖液，补充营养。⑥早晚熟品种搭配，错开播种，使成熟期果实避开最冷月份。寒流发生时，采用熏烟或适时加温措施，天晴时经常擦洗棚膜，改善透光能力。

3. 空洞果

【症　状】 俗称空心，各地均有发生，尤其温室中较多。果实带棱角，酷似八角帽，切开后可看到果肉与胎座间缺少充足的胶状物和种子而出现明显的空腔。

【病　因】 主要是花粉形成时高温、光照不足，花粉不饱满，不能正常授粉，使种胚退化，果实胎座发育差，不能形成胶状物。过多施用氮肥，或土壤贫瘠，低温，灌水过多，光合作用弱，向果实供应的养分不足，同一果穗上迟开花结的果，水肥供应不足，或用2,4-D、番茄灵等激素蘸花防止落花时，如浓度过高或处理时花蕾幼小等，都会形成空洞果。

【防治措施】 根据发生原因，采取相应措施即可。用2,4-D或番茄灵蘸花时，浓度要准确，高温时浓度要低，低温时浓度要高，每花蘸药不要过多，不能重复蘸。蘸花时必须是花瓣已伸长为喇叭口状，不能处理花蕾，否则因果皮、胎座、种胚发育程度不同，对2,4-D等激素的反应能力差异，作用速度不一致，会引起空洞果。

4. 落花与落果

【症　状】 番茄开花期，有的植株上的花蕾或已开的花凋萎脱落；有的花仍挺实也脱落。落果多是刚刚坐下的小果变黄脱落。落花落果严重时出现有秧无果现象，对产量影响很大。

【病　因】 引起落花落果的原因很多，除病虫危害外，生理原因主要有不良的生态环境、不良的栽培技术与机械损伤等，其中不良生态环境影响最大，特别是花期温度影响更大。光的影响也较大，开花期光照不足，弱光下花粉发芽率和花粉管伸长能力降低，受精不良，引起落花落果。在栽培管理上，土壤干燥、过湿，温度骤变，栽培密度过大，整枝打杈不及时或徒长，病虫害严重，都会造成落花、落果。

【防治措施】 ①用2,4-D、番茄灵、番茄丰产剂2号处理，都有防止落花落果的效果，低温下浓度要高，高温下浓度要低，并于花开至喇叭口大小时处理。②一般上午9时至10时，露水干后摇动花序或架材，进行辅助授粉，效果尚好。但最好采用熊蜂进行授粉。③保护地要调控好温、湿度和光照，保证番茄开花期的要求。适时灌水，保持棚膜清洁，使白天保持25℃，夜间15℃左右，以利于开花结果。④开花期保证肥水供应，为开花结果供应充足养分和水分。⑤及时整枝、打杈、摘心、打老叶，疏掉过多的花、果，调整生长发育平衡。做好病虫害防治，避免叶片早衰。

5. 番茄高温障碍

【症　状】　番茄植株在一定时间高温影响下，叶片、茎秆、果实都可发生灼伤。叶片出现叶烧症，初时因叶绿素减少，叶片的一部分或整个叶片褪绿，继而变成漂白色，后变黄枯死。叶烧轻者仅叶缘烧伤，重者半叶至整叶烧伤，成为永久萎蔫，干枯而死。茎秆发白、干枯，果实出现日烧果。高温障碍除造成灼伤外，还影响花芽分化，花小，或受精不良而落果；严重时花器变白干枯，果实容易出现红、黄、白杂色果。

【病　因】　番茄发育适温发芽期为25℃～30℃，幼苗期白天20℃～25℃，夜间10℃～15℃；开花期白天20℃～30℃，夜间15℃～20℃；结果期白天25℃～28℃，夜间15℃～20℃。花芽分化时遇高温持续时间长，则表现为花小，发育不良或花粉粒不孕，花粉管不伸长，不受精，引起落花，或影响果实正常着色。其影响程度因基因型、湿度和土壤水分等环境条件而异，当白天温度高于35℃，高温持续4小时，夜温高于20℃时，生长迟缓引起茎叶损伤及果实生育异常。超过45℃时茎叶日烧并产生坏死。

【防治措施】　①高温期及时通风，使叶面温度下降。当阳光过强，室内外温差又大，不便放风降温，或经放风仍难降到所需温度时，可采用部分遮荫的办法，如隔空盖草帘，或张挂遮阳网等，防止棚室温度上升。②当棚室温度过高，相对湿度较低时，可用喷雾器在室内空间喷冷水雾，增湿降温。③提倡施用农家宝或抗逆增产剂。

6. 番茄低温障碍

【症　状】 在春茬番茄早期和秋延后中经常发生。子叶展开期遇低温，子叶小，上举，胚轴短，叶背向上反卷，叶缘受冻部位逐渐枯干或个别叶片萎蔫干枯；低温时间长，叶片暗绿色无光；花芽分化期遇低温，真叶小，暗淡无光，色较深；定植期遇低温，叶呈掌状，浓绿，根系生长受阻，或形成畸形花，造成低温落花或畸形果；果实不易着色成熟或着色浅，影响品质。严重时叶片皱缩，叶绿素减少，出现黄白斑或呈黄化，生长迟缓，局部坏死，茎叶干枯，死亡。

【病　因】 番茄起源于热带，气温在10℃以上能生长。在10℃或低于10℃时发生冷害，长时间低于6℃时植株将死亡，果实在−1℃会发生冻害。在果实膨大过程中，番茄的着色与胡萝卜素和茄红素形成的快慢有关，低于16℃胡萝卜素形成慢，低于24℃茄红素形成受抑，着色不良。地温以20℃～23℃最适，低于13℃生长迟缓，低于8℃根毛生长受抑，6℃根系停止生长。低温使番茄的细胞膜由液晶状态转变成凝胶状态，膜收缩，透性降低，导致细胞质外渗；冷害还影响叶绿素合成系统的功能，使净光合率下降，尤其在光照弱，又有水分胁迫时，会使叶片黄化，果实不红；同时低温还影响根系对磷的吸收，妨碍对钙、钾、镁的吸收利用，使叶片黄化加剧。

【防治措施】 ①选用耐低温、弱光的品种，如近年我国植物抗低温基因工程已把鱼类抗冻蛋白基因引入番茄，产生融合蛋白，具有抑制冰晶形成的作用。还选育出一批抗病毒病、耐低温弱光的早熟品种，如津粉65、绿丹番茄、晋番茄1号、吉林早红等可因地选用。②适期播种，尤其冬、春或反季节番茄，既要考虑到气温和地温能否满足番茄的需要，又要考虑番茄对低温的适应能力。因此，生产上应将地温控制在16℃～18℃。③做好苗期低温锻炼和蹲苗，地膜覆盖，选晴天定植，做好防冻保温。如已发生冻害，切勿操之过急，日出后用报纸或草帘遮光，使其慢慢恢复生理功能。④降温前，喷洒植物抗寒剂，每667平方米用200毫升，或10%宝力丰抗冻素400倍液，或惠满丰多元复合液体活性肥料，每667平方米320毫升，稀释500倍液，或95绿风植物生长调节剂600～800倍液，或巴姆兰丰收液250倍液，或27%高脂膜乳剂100倍液，每5～7天1次，共喷2次。

7. 番茄畸形株

【症　状】　无限生长型番茄，植株生育正常，健壮紧实，从上向下呈等腰三角形；叶片大，叶脉清晰，先端较尖；开花位置距顶端20厘米左右，开花的花序上还有现蕾的花序，花梗粗，花梗节突起，花色鲜艳。常见的畸形株有：①徒长株：生长过旺，植株高大，茎粗，节间长，开花位置低；果实膨大缓慢，易出现空洞果、畸形果。②弱老株：植株生长衰弱，株矮，茎细，顶端水平形，弯曲，下部叶片弯曲，叶柄长，小叶中肋突出，呈覆船状，果实易出筋腐果。

【病　因】　畸形株主要是环境不适或管理技术不当引起。植株徒长是因肥水过多，日照不足，夜温偏高等造成。植株衰老多是因夜温偏低，土壤干燥，缺肥所致。

【防治措施】　①深翻整地，加深耕层，提高肥力。②管理上要使植株营养生长与生殖生长协调、平衡，要做好追肥、灌水，保证秧棵和果实充分生长发育。③保护地番茄要调控好温度，白天25℃左右，超过25℃通风，午后温度降至20℃左右闭风，15℃覆盖草苫，前半夜保持15℃以上，后半夜10℃～

13℃。努力增加光照，避免光照过强或不足。④及时整枝，打杈，坐果过多时疏果。

（三）虫害防治

1. 棉铃虫和烟青虫

均为鳞翅目，夜蛾科，是同一属的两个近似种（图 20）。两种成虫，体长均约 15 毫米，翅展 30毫米，卵半球形，底部平。老熟幼虫体长 30～42 毫米，体色有淡绿色、绿色、黄白色及淡红色等。蛹长 15～21 毫米，宽 5 毫米，多呈褐色。

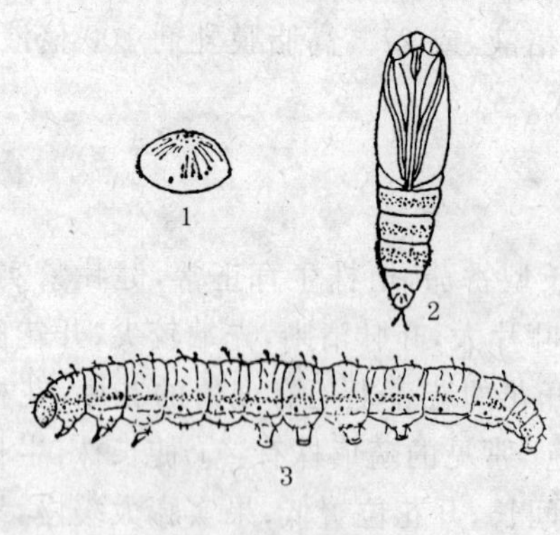

图 20　烟青虫

1. 卵　2. 蛹　3. 幼虫

成虫白天潜藏在叶背、杂草和枯叶中，晚上飞出取食花蜜，交尾后产卵于嫩叶、嫩茎和花蕾上。卵孵化后，先为害嫩芽和花蕾，稍大后全身钻蛀于果实中，取食果肉和胎座，缀丝、排粪。被害果实极易腐烂，烂后，又转蛀好果。一生中能为害 8～15 个果。

防治方法是：①冬耕，春灌，消灭越冬蛹。②成虫对黑光灯和杨树枝有很强的趋性，可用其诱杀。每 667 平方米装 1 盏黑光灯；或于 6 月上旬至 7 月中旬，将长约 60 厘米的杨树枝，每 7～10 根为 1 束，傍晚插到地里，每 667 平方米 10 余束，每 1～2 天换 1 次。每天早晨检查、捕捉成虫。此法必须大面积联片进行，一家一户或少数农户采用，对虫群数量影响不大。③YYHA-273 棉铃虫核多角体病毒，喷洒后可使烟青虫和棉铃虫交叉感染。喷撒杀螟杆菌粉或烟青虫菌粉，对 3 龄前的幼虫效果好。6 月下旬起至 8 月上旬，是成虫的产卵期。发现嫩叶上有卵及幼虫时，及时捕捉。烂果要集中处理。④幼虫蛀果前适时喷药，可用 50%辛硫磷乳油 2 000 倍液；2.5%溴氰菊酯 4 000 倍液；80%敌敌畏乳剂 1 000 倍液；2.5%敌杀死乳油 3 000～5 000 倍液；20%速灭菊酯 3 000～5 000 倍液；20%的多虫畏 2 000 倍液，或天王星 3 000 倍液，或灭杀毙 6 000 倍液，或 5%抑太保乳油 1 500 倍液，或 5%卡死克乳油 1 000～1 500 倍液，或 5%锐劲特悬浮剂 4 000 倍液，或 5.7%的百树得乳油 3 000～4 000 倍液，或 2.5%功夫乳油 2 000～3 000 倍液喷洒，均有良好效果。⑤大量利用赤眼蜂，进行生物防治。赤眼蜂的成虫能将卵产于多种害虫的卵内，并靠害虫卵内的物质，使子代发育为成虫，然后，另寻新的害虫卵产卵，使害虫的卵不能发育孵化，将烟青虫消灭于卵期。利用赤眼蜂防治烟青虫的方法是，当番茄田里的烟青虫开始产卵时，从蜂厂买来赤眼蜂的卵卡，挂到地里，或将羽化的成蜂直接释放到地里，每 5～7 天 1 次，共 3 次，每 667 平方米总放蜂量为 2 万～3 万只。赤眼蜂喜光，并多在上午羽化。所以，放蜂最好在上午 8 时许进行，以便使其有较长的时间，寻觅寄主产卵。

2. 蚜　虫

俗称腻虫、油汗。身体小，但繁殖快。常成群密集于叶片上，刺吸汁液，并排出蜜露，招引蚂蚁，引起真菌病，影响光合作用；同时，蚜虫又是多种病毒的传播者，所以，必须早治。

防治方法是：①蚜虫食性极杂，大面积番茄田，应该远离留种菜地、棉田、桃树园及李树园，以减少虫源，并尽量做到早防、联防。②黄板诱杀，每667平方米挂15～20块。用银灰色薄膜条进行地面覆盖或悬挂到棚室上避蚜。③及时用药，20%速灭菊酯6 000倍液，或2.5%溴氰菊酯5 000～6 000倍液，或灭杀毙(21%增效氰马乳油)6 000倍液，或40%氰戊菊酯6 000倍液，或20%灭扫利乳油2 000倍液，或2.5%的功夫乳油4 000倍液，或2.5%天王星乳油3 000倍液，或52.52%农地乐1 000～1 200倍液，或1%灭虫灵3 000倍液，或8%乐斯本乳油1 000倍液，或50%抗蚜威(辟蚜雾)可湿性粉剂2 500倍液，或20%康福多2 000倍液，每7天喷1次，连续喷2～3次。或用30%虫螨净烟剂，每667平方米350克熏蒸防治。喷药时喷嘴对准叶背，将药液尽量喷到虫体上。④5～6月份蚜虫发生盛期，从麦田助迁瓢虫，或施放人工饲养的瓢虫、草蛉等天敌。

3. 蛴　螬

蛴螬是金龟子幼虫的统称，俗称壮地虫、白地蚕(图21)，潜伏土中，咬食幼根、嫩茎和种子，引起缺株。

防治方法是：①成虫有趋光性，可利用黑光灯诱杀。②播种或栽植前，每667平方米喷5%西维因粉，或2.5%的敌百虫粉2千克，然后整地；穴施或条施的厩肥中，最好加入敌百虫粉。栽苗后，如有为害，每667平方米用50%辛硫磷乳剂0.25千克，加水1 500～2 000升浇灌，或在根系附近撒入辛硫磷颗粒剂后，中耕培土。

4. 蝼　蛄

蝼蛄俗称地蝼蝼、勒勒蛄、土狗(图22)。潜伏土中，直接

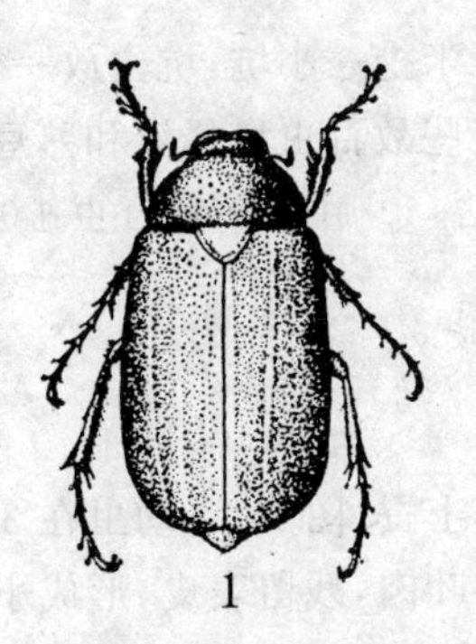

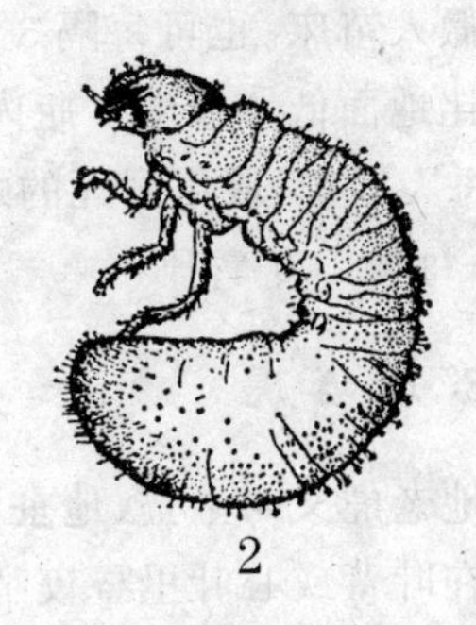

图 21 蛴 螬

1. 成虫 2. 幼虫

咬食种子、幼芽和嫩茎。同时，因其钻行于表土下，造成许多疏松的通道，使幼苗的根与土壤分离而死亡。

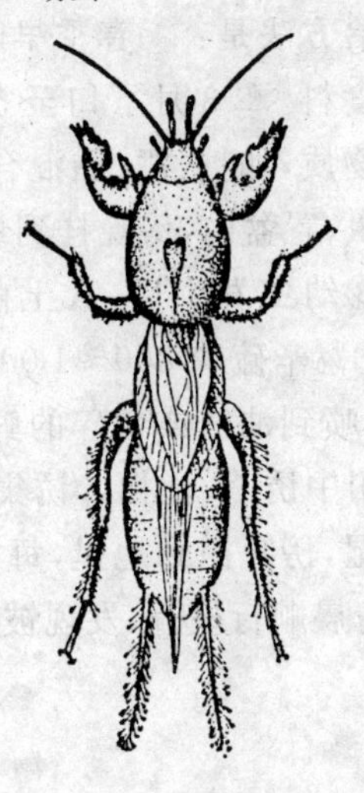

图 22 蝼 蛄

防治方法是：①厩肥要充分腐熟，以减少虫源。每 1 立方米有机肥，可用 50%辛硫磷 50 毫升，对水 1 000 倍液喷施杀虫。加强冬耕，冻杀越冬虫。②5～6 月份和 9～10 月份成虫活动高峰期，傍晚利用其趋光性，用黑光灯诱杀，或按其对有机肥料有趋性的习性，将生厩肥放入坑中，诱集后捕杀；或将 90%敌百虫 0.5 千克，对水 5～6 升，拌入 25 千克炒香的麦麸、豆饼或棉籽饼中，傍晚撒入苗床。也可每隔 3～4 米挖一小坑，坑内放一罐头瓶，瓶口比地面低 2 厘米。瓶内装些敌百虫稀释液和熟豆饼粉诱杀。每天检查，取出溺死的蝼蛄。③用 90％敌百虫 1 000 倍液灌根，每株 100 毫升。

5. 地 老 虎

地老虎又叫土蚕、地蚕、黑土蚕（图 23）。幼虫在 3 龄以前主要在叶背或心叶里昼夜啃食叶肉，残留表皮，形成小米粒大小的天窗或小洞。3 龄以后的幼虫，白天潜伏于土下 3 厘米左右处，夜间出来从茎基部咬断幼苗。

防治方法是：①春季早除杂草，消灭成虫产卵的寄主和幼虫的食料。②3 月下旬至 5 月中旬，成虫发生盛期，用有酸甜味的物质，如糖、酒、醋混合液，或酸菜水与酒混合液等，内加敌百虫，置盆内，傍晚挂到地里诱杀。此法必须大面积连片进行。③幼虫发生后，入土前用 90％敌百虫 800～1 000 倍液，或 50％辛硫磷 800～1 000 倍液，或 50％辛硫磷 50 克，加水 5 升，喷到油渣或切碎的鲜草上，配成半干半湿的毒饵，傍晚撒到田中诱杀。泡桐叶诱集力很强，把它用 90％敌百虫 150 倍液浸湿，傍晚撒到地里，每 667 平方米百片左右，诱杀效果好。④清晨顺行检查，发现被害新株后，扒土捉杀。

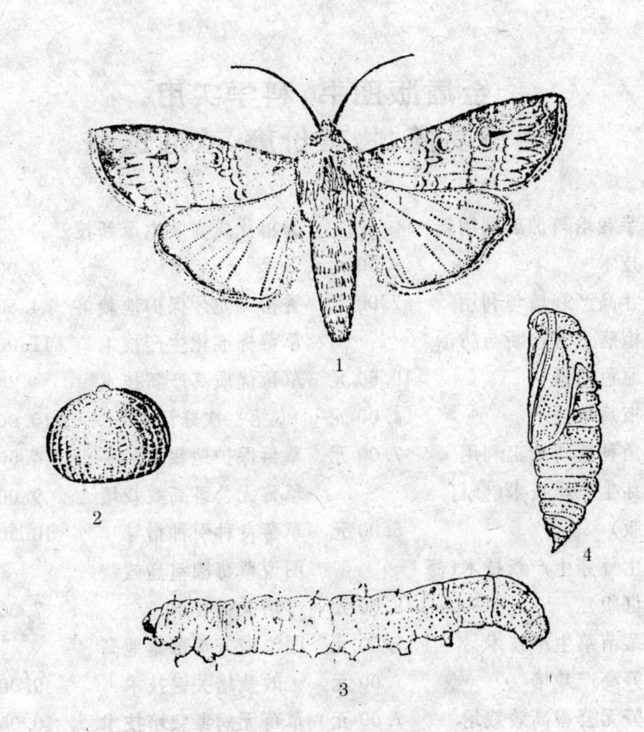

图 23　小地老虎

1. 成虫　2. 卵　3. 幼虫　4. 蛹

西瓜病虫害及防治原色图册 15.00元
甜瓜标准化生产技术 10.00元
甜瓜优质高产栽培(修订版) 7.50元
甜瓜保护地栽培 6.00元
甜瓜园艺工培训教材 9.00元
甜瓜病虫害及防治原色图册 15.00元
西瓜甜瓜南瓜病虫害防治(修订版) 13.00元
西瓜甜瓜良种引种指导 11.50元
怎样提高甜瓜种植效益 9.00元
西瓜无公害高效栽培 10.50元
无公害西瓜生产关键技术200题 8.00元
引进台湾西瓜甜瓜新品种及栽培技术 8.50元
南方小型西瓜高效栽培 8.00元
西瓜标准化生产技术 8.00元
西瓜园艺工培训教材 9.00元
瓜类嫁接栽培 7.00元
瓜类蔬菜良种引种指导 12.00元
无公害果蔬农药选择与使用 5.00元
果树薄膜高产栽培技术 7.50元
果树壁蜂授粉新技术 6.50元
果树大棚温室栽培技术 4.50元
大棚果树病虫害防治 16.00元
果园农药使用指南 21.00元
无公害果园农药使用指南 12.00元
果树寒害与防御 5.50元
果树害虫生物防治 5.00元
果树病虫害诊断与防治原色图谱 98.00元
果树病虫害生物防治 15.00元
果树病虫害诊断与防治技术口诀 12.00元
苹果梨山楂病虫害诊断与防治原色图谱 38.00元
中国果树病毒病原色图谱 18.00元
果树无病毒苗木繁育与栽培 14.50元
果品贮运工培训教材 8.00元
无公害果品生产技术(修订版) 24.00元
果品优质生产技术 8.00元
果品采后处理及贮运保鲜 20.00元
果品产地贮藏保鲜技术 5.60元
干旱地区果树栽培技术 10.00元
果树嫁接新技术 7.00元
落叶果树新优品种苗木繁育技术 16.50元
苹果园艺工培训教材 10.00元
怎样提高苹果栽培效益 9.00元
苹果优质高产栽培 6.50元
苹果新品种及矮化密植